한 권으로 계산 끝 ⑫

지은이 차길영
펴낸이 임상진
펴낸곳 (주)넥서스

초판 1쇄 발행 2019년 11월 15일
초판 3쇄 발행 2024년 6월 5일

출판신고 1992년 4월 3일 제311-2002-2호
10880 경기도 파주시 지목로 5
Tel (02)330-5500 Fax (02)330-5555

ISBN 979-11-6165-658-8 (64410)
          979-11-6165-646-5 (SET)

www.nexusbook.com
www.nexusEDU.kr/math

🕐 문제풀이 속도와 정확성을 향상시키는
초등 연산 프로그램

계산력+두뇌회전
UP!

한 권으로 계산 끝

수학의 마술사 **차길영** 지음

12

초등수학
6학년 과정

넥서스에듀

혹시 여러분, 이런 학생은 아닌가요?

문제를 풀면 다 맞긴 하는데 시간이
너무 오래 걸려요.

341+726

한 자리 숫자는 자신이 있는데
숫자가 커지면 당황해요.

덧셈과 뺄셈은 어렵지 않은데
곱셈과 나눗셈은 무서워요.

계산할 때 자꾸
손가락을 써요.

문제는 빨리 푸는데
채점하면 비가 내려요.

이제 계산 끝이면, 실수 끝! 오답 끝! 걱정 끝!

왜 〈한 권으로 계산 끝〉으로 시작해야 하나요?

수학의 기본은 계산입니다.

계산력이 약한 학생들은 잦은 실수와 문제풀이 시간 부족으로 수학에 대한 흥미를 잃으며 수학을 점점 멀리하게 되는 것이 현실입니다. 따라서 차근차근 계단을 오르듯 수학의 기본이 되는 계산력부터 길러야 합니다. 이러한 계산력은 매일 규칙적으로 꾸준히 학습하는 것이 중요합니다. '창의성'이나 '사고력 및 논리력'은 수학의 기본인 계산력이 뒷받침이 된 다음에 얘기할 수 있는 것입니다. 우리는 '창의성' 또는 '사고력'을 너무나 동경한 나머지 수학의 기본인 '계산'과 '암기'를 소홀히 생각합니다. 그러나 번뜩이는 문제 해결력이나 아이디어, 창의성은 수없이 반복되어 온 암기 훈련 및 꾸준한 학습을 통해 쌓인 지식에 근거한다는 점을 절대 잊으면 안 됩니다.

수학은 일찍 시작해야 합니다.

초등학교 수학 과정은 기초 계산력을 완성시키는 단계입니다. 특히 저학년 때 연산이 차지하는 비율은 전체의 70~80%나 됩니다. 수학 성적의 차이는 머리가 아니라 수학을 얼마나 일찍 시작하느냐에 달려 있습니다. 머리가 좋은 학생이 수학을 잘 하는 것이 아니라 수학을 열심히 공부하는 학생이 머리가 좋아지는 것이죠. 수학이 싫고 어렵다고 어렸을 때부터 수학을 멀리하게 되면 중학교, 고등학교에 올라가서는 수학을 포기하게 됩니다. 수학은 어느 정도 수준에 오르기까지 많은 시간이 필요한 과목이기 때문에 비교적 여유가 있는 초등학교 때 수학의 기본을 다져놓는 것이 중요합니다.

혹시 수학 성적이 걱정되고 불안하신가요?

그렇다면 수학의 기본이 되는 계산력부터 키워주세요. 하루 10~20분씩 꾸준히 계산력을 키우게 되면 티끌 모아 태산이 되듯 수학의 기초가 튼튼해지고 수학이 재미있어질 것입니다. 어떤 문제든 기초 계산 능력이 뒷받침되어 있지 않으면 해결할 수 없습니다. 〈한 권으로 계산 끝〉 시리즈로 수학의 재미를 키워보세요. 여러분은 모두 '수학 천재'가 될 수 있습니다. 화이팅!

수학의 마술사 **차길영**

01 계산 원리 학습

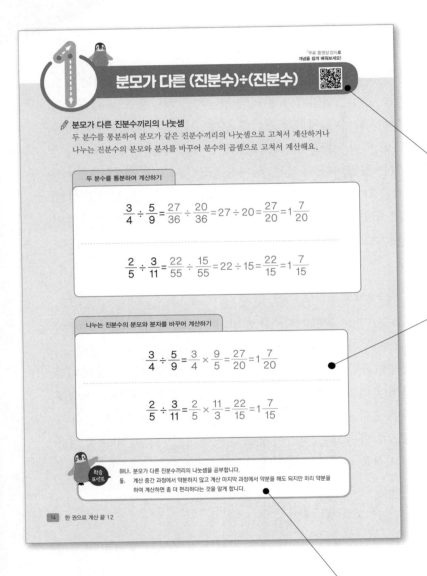

1 분모가 다른 (진분수)÷(진분수)

『무료 동영상 강의로
개념을 쉽게 배워보세요!

✏️ **분모가 다른 진분수끼리의 나눗셈**
두 분수를 통분하여 분모가 같은 진분수끼리의 나눗셈으로 고쳐서 계산하거나
나누는 진분수의 분모와 분자를 바꾸어 분수의 곱셈으로 고쳐서 계산해요.

두 분수를 통분하여 계산하기

$$\frac{3}{4} \div \frac{5}{9} = \frac{27}{36} \div \frac{20}{36} = 27 \div 20 = \frac{27}{20} = 1\frac{7}{20}$$

$$\frac{2}{5} \div \frac{3}{11} = \frac{22}{55} \div \frac{15}{55} = 22 \div 15 = \frac{22}{15} = 1\frac{7}{15}$$

나누는 진분수의 분모와 분자를 바꾸어 계산하기

$$\frac{3}{4} \div \frac{5}{9} = \frac{3}{4} \times \frac{9}{5} = \frac{27}{20} = 1\frac{7}{20}$$

$$\frac{2}{5} \div \frac{3}{11} = \frac{2}{5} \times \frac{11}{3} = \frac{22}{15} = 1\frac{7}{15}$$

학습 포인트
하나. 분모가 다른 진분수끼리의 나눗셈을 공부합니다.
둘. 계산 중간 과정에서 약분하지 않고 계산 마지막 과정에서 약분을 해도 되지만 미리 약분을
하여 계산하면 좀 더 편리하다는 것을 알게 합니다.

무료 동영상 강의로
계산 원리의 개념을 쉽고
정확하게 이해할 수 있습니다.
QR코드를 스마트폰으로 찍거나
www.nexusEDU.kr/math 접속

초등수학의 새 교육과정에
맞춰 연산 주제의 원리를
이해하고 연산 방법을
이끌어냅니다.

계산 원리의 학습 포인트를
통해 연산의 기초 개념 정리를
한 번에 끝낼 수 있습니다.

02 계산력 학습 및 완성

자신의 진도 목표에 따라 하루에 적당한 분량을 정해 학습합니다.
문제를 풀 때 걸리는 시간을 정확히 측정하고 기록해 보세요.
계산력 향상 Up! Up! Up!

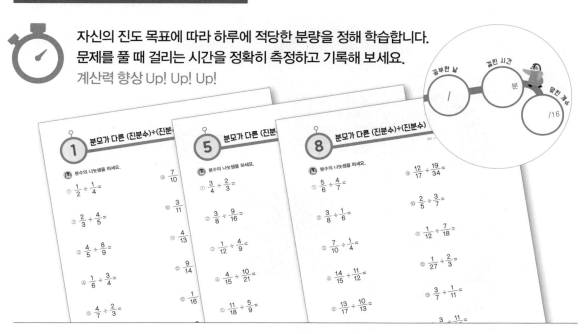

03 실력 체크

교재의 중간과 마지막에 나오는 실력 체크 문제로,
앞서 배운 4개의 강의 내용을 복습하고 다시 한 번
실력을 탄탄하게 점검할 수 있습니다.

'한 권으로 계산 끝'만의 차별화된 서비스

✅ **스마트폰으로 QR코드를 찍으면 이 모든 것이 가능해요!**

1 모바일 진단평가

과연 내 연산 실력은 어떤 레벨일까요? 진단평가로 현재 실력을 확인하고 알맞은 레벨을 선택할 수 있어요.

2 무료 동영상 강의

눈에 쏙! 귀에 쏙! 들어오는 개념 설명 강의를 보면, 문제의 답이 쉽게 보인답니다.

3 초시계

자신의 문제풀이 속도를 측정하고 '걸린 시간'을 기록하는 습관은 계산 끝판왕이 되는 필수 요소예요.

4 마무리 평가

온라인에서 제공하는 별도 추가 종합 문제를 통해 학습한 내용을 복습하고 최종 실력을 확인할 수 있어요.

5 추가 문제

각 권마다 추가로 제공되는 문제로 속도력 + 정확성을 키우세요!

✅ **스마트폰이 없어도 걱정 마세요!**
넥서스에듀 홈페이지로 들어오세요.

※ 진단평가, 마무리 평가의 종합문제 및 추가 문제는 홈페이지에서 다운로드 → 프린트해서 쓸 수 있어요.

www.nexusEDU.kr/math

차례

12 분수와 소수의 나눗셈 (2) / 비례식

초등수학
6 학년 과정

한 권으로 계산 끝 학습계획표

✓ **하루하루 끝내기로 한 학습 분량을 마치고 학습계획표를 체크해 보세요!**

2주 / 4주 / 8주 완성 학습 목표를 정한 뒤에 매일매일 체크해 보세요.
스스로 공부하는 습관이 길러지고, 수학의 기초 실력인 연산력+계산력이 쑥쑥 향상됩니다.

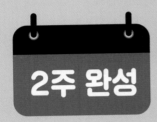

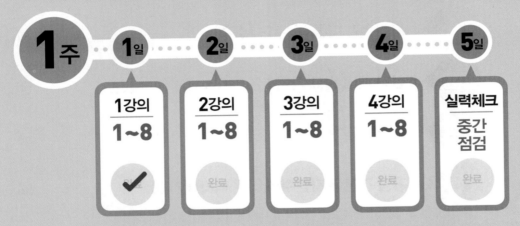

1주	**1일**	**2일**	**3일**	**4일**	**5일**
	1강의 1~8	**2강의** 1~8	**3강의** 1~8	**4강의** 1~8	**실력체크** 중간 점검
	✔	완료	완료	완료	완료

2주	**6일**	**7일**	**8일**	**9일**	**10일**
	5강의 1~8	**6강의** 1~8	**7강의** 1~8	**8강의** 1~8	**실력체크** 최종 점검
	완료	완료	완료	완료	완료

wow!

4주 완성

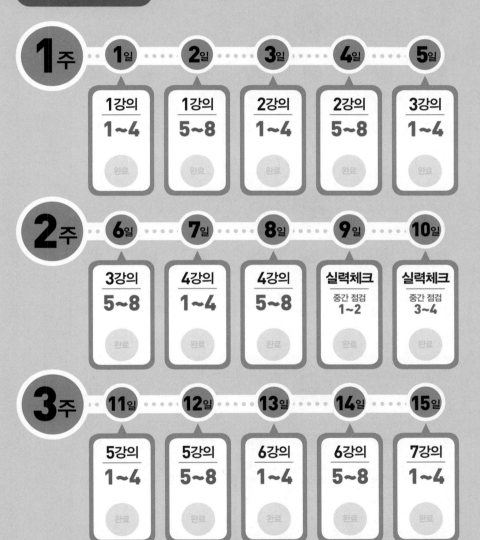

1주
1일 · 2일 · 3일 · 4일 · 5일

1강의 1~4	1강의 5~8	2강의 1~4	2강의 5~8	3강의 1~4
완료	완료	완료	완료	완료

2주
6일 · 7일 · 8일 · 9일 · 10일

3강의 5~8	4강의 1~4	4강의 5~8	실력체크 중간 점검 1~2	실력체크 중간 점검 3~4
완료	완료	완료	완료	완료

3주
11일 · 12일 · 13일 · 14일 · 15일

5강의 1~4	5강의 5~8	6강의 1~4	6강의 5~8	7강의 1~4
완료	완료	완료	완료	완료

4주
16일 · 17일 · 18일 · 19일 · 20일

7강의 5~8	8강의 1~4	8강의 5~8	실력체크 최종 점검 5~6	실력체크 최종 점검 7~8
완료	완료	완료	완료	완료

한 권으로 계산 끝 학습계획표

8주 완성

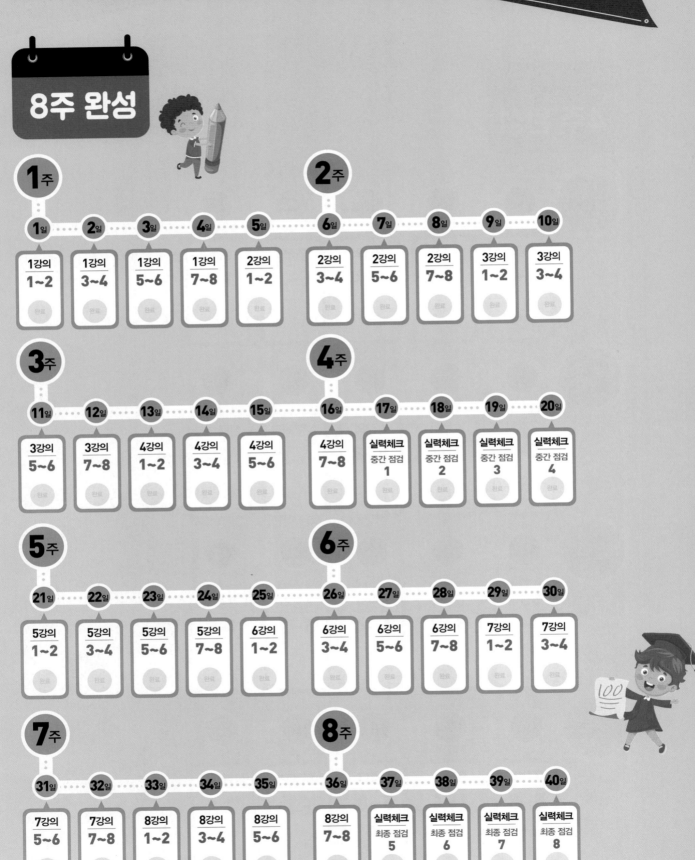

1주

1일	2일	3일	4일	5일	6일	7일	8일	9일	10일
1강의 1~2 완료	1강의 3~4 완료	1강의 5~6 완료	1강의 7~8 완료	2강의 1~2 완료	2강의 3~4 완료	2강의 5~6 완료	2강의 7~8 완료	3강의 1~2 완료	3강의 3~4 완료

2주 (6일~10일)

3주

11일	12일	13일	14일	15일	16일	17일	18일	19일	20일
3강의 5~6 완료	3강의 7~8 완료	4강의 1~2 완료	4강의 3~4 완료	4강의 5~6 완료	4강의 7~8 완료	실력체크 중간 점검 1 완료	실력체크 중간 점검 2 완료	실력체크 중간 점검 3 완료	실력체크 중간 점검 4 완료

4주 (16일~20일)

5주

21일	22일	23일	24일	25일	26일	27일	28일	29일	30일
5강의 1~2 완료	5강의 3~4 완료	5강의 5~6 완료	5강의 7~8 완료	6강의 1~2 완료	6강의 3~4 완료	6강의 5~6 완료	6강의 7~8 완료	7강의 1~2 완료	7강의 3~4 완료

6주 (26일~30일)

7주

31일	32일	33일	34일	35일	36일	37일	38일	39일	40일
7강의 5~6 완료	7강의 7~8 완료	8강의 1~2 완료	8강의 3~4 완료	8강의 5~6 완료	8강의 7~8 완료	실력체크 최종 점검 5 완료	실력체크 최종 점검 6 완료	실력체크 최종 점검 7 완료	실력체크 최종 점검 8 완료

8주 (36일~40일)

분수와 소수의 나눗셈 (2)
비례식

6학년 과정

분모가 다른 (진분수)÷(진분수)

✏️ 분모가 다른 진분수끼리의 나눗셈

두 분수를 통분하여 분모가 같은 진분수끼리의 나눗셈으로 고쳐서 계산하거나
나누는 진분수의 분모와 분자를 바꾸어 분수의 곱셈으로 고쳐서 계산해요.

두 분수를 통분하여 계산하기

$$\frac{3}{4} \div \frac{5}{9} = \frac{27}{36} \div \frac{20}{36} = 27 \div 20 = \frac{27}{20} = 1\frac{7}{20}$$

$$\frac{2}{5} \div \frac{3}{11} = \frac{22}{55} \div \frac{15}{55} = 22 \div 15 = \frac{22}{15} = 1\frac{7}{15}$$

나누는 진분수의 분모와 분자를 바꾸어 계산하기

$$\frac{3}{4} \div \frac{5}{9} = \frac{3}{4} \times \frac{9}{5} = \frac{27}{20} = 1\frac{7}{20}$$

$$\frac{2}{5} \div \frac{3}{11} = \frac{2}{5} \times \frac{11}{3} = \frac{22}{15} = 1\frac{7}{15}$$

학습
포인트

하나. 분모가 다른 진분수끼리의 나눗셈을 공부합니다.

둘. 계산 중간 과정에서 약분하지 않고 계산 마지막 과정에서 약분을 해도 되지만, 미리 약분을
하여 계산하면 좀 더 편리하다는 것을 알게 합니다.

1 분모가 다른 (진분수)÷(진분수)

🐧 분수의 나눗셈을 하세요.

① $\dfrac{1}{2} \div \dfrac{1}{4} =$

② $\dfrac{2}{3} \div \dfrac{4}{5} =$

③ $\dfrac{4}{5} \div \dfrac{8}{9} =$

④ $\dfrac{1}{6} \div \dfrac{3}{4} =$

⑤ $\dfrac{4}{7} \div \dfrac{2}{3} =$

⑥ $\dfrac{6}{7} \div \dfrac{7}{12} =$

⑦ $\dfrac{3}{8} \div \dfrac{6}{13} =$

⑧ $\dfrac{7}{8} \div \dfrac{1}{2} =$

⑨ $\dfrac{7}{10} \div \dfrac{2}{5} =$

⑩ $\dfrac{3}{11} \div \dfrac{9}{22} =$

⑪ $\dfrac{4}{13} \div \dfrac{2}{11} =$

⑫ $\dfrac{9}{14} \div \dfrac{6}{7} =$

⑬ $\dfrac{1}{16} \div \dfrac{1}{2} =$

⑭ $\dfrac{3}{16} \div \dfrac{5}{8} =$

⑮ $\dfrac{5}{18} \div \dfrac{7}{12} =$

⑯ $\dfrac{7}{20} \div \dfrac{14}{15} =$

2 분모가 다른 (진분수)÷(진분수)

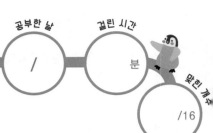

공부한 날

걸린 시간

/

분

맞힌 개수

/16

정답: p.2

분수의 나눗셈을 하세요.

① $\dfrac{3}{4} \div \dfrac{5}{12} =$

② $\dfrac{6}{11} \div \dfrac{4}{7} =$

③ $\dfrac{1}{12} \div \dfrac{5}{18} =$

④ $\dfrac{7}{20} \div \dfrac{2}{5} =$

⑤ $\dfrac{2}{3} \div \dfrac{3}{5} =$

⑥ $\dfrac{5}{6} \div \dfrac{2}{9} =$

⑦ $\dfrac{4}{7} \div \dfrac{2}{3} =$

⑧ $\dfrac{3}{16} \div \dfrac{1}{8} =$

⑨ $\dfrac{5}{6} \div \dfrac{3}{8} =$

⑩ $\dfrac{5}{7} \div \dfrac{2}{3} =$

⑪ $\dfrac{5}{8} \div \dfrac{3}{5} =$

⑫ $\dfrac{5}{9} \div \dfrac{1}{10} =$

⑬ $\dfrac{1}{5} \div \dfrac{3}{4} =$

⑭ $\dfrac{5}{6} \div \dfrac{5}{12} =$

⑮ $\dfrac{3}{11} \div \dfrac{1}{3} =$

⑯ $\dfrac{5}{14} \div \dfrac{1}{21} =$

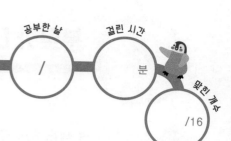

🐧 분수의 나눗셈을 하세요.

① $\dfrac{1}{4} \div \dfrac{1}{5} =$

② $\dfrac{3}{4} \div \dfrac{5}{6} =$

③ $\dfrac{5}{6} \div \dfrac{2}{3} =$

④ $\dfrac{4}{7} \div \dfrac{8}{9} =$

⑤ $\dfrac{3}{8} \div \dfrac{3}{4} =$

⑥ $\dfrac{5}{8} \div \dfrac{15}{16} =$

⑦ $\dfrac{1}{9} \div \dfrac{7}{12} =$

⑧ $\dfrac{5}{9} \div \dfrac{1}{6} =$

⑨ $\dfrac{1}{12} \div \dfrac{5}{6} =$

⑩ $\dfrac{6}{13} \div \dfrac{15}{26} =$

⑪ $\dfrac{11}{14} \div \dfrac{5}{7} =$

⑫ $\dfrac{2}{15} \div \dfrac{11}{12} =$

⑬ $\dfrac{13}{18} \div \dfrac{7}{24} =$

⑭ $\dfrac{7}{20} \div \dfrac{14}{25} =$

⑮ $\dfrac{11}{20} \div \dfrac{3}{10} =$

⑯ $\dfrac{5}{24} \div \dfrac{5}{6} =$

4 분모가 다른 (진분수)÷(진분수)

🐧 분수의 나눗셈을 하세요.

① $\dfrac{2}{3} \div \dfrac{5}{7} =$

② $\dfrac{1}{8} \div \dfrac{3}{10} =$

③ $\dfrac{9}{10} \div \dfrac{7}{20} =$

④ $\dfrac{3}{14} \div \dfrac{6}{7} =$

⑤ $\dfrac{3}{4} \div \dfrac{1}{8} =$

⑥ $\dfrac{5}{12} \div \dfrac{3}{4} =$

⑦ $\dfrac{2}{7} \div \dfrac{7}{8} =$

⑧ $\dfrac{7}{9} \div \dfrac{5}{6} =$

⑨ $\dfrac{19}{21} \div \dfrac{1}{24} =$

⑩ $\dfrac{9}{26} \div \dfrac{2}{13} =$

⑪ $\dfrac{2}{5} \div \dfrac{7}{25} =$

⑫ $\dfrac{5}{8} \div \dfrac{1}{6} =$

⑬ $\dfrac{5}{9} \div \dfrac{2}{3} =$

⑭ $\dfrac{1}{12} \div \dfrac{7}{18} =$

⑮ $\dfrac{5}{18} \div \dfrac{2}{3} =$

⑯ $\dfrac{4}{7} \div \dfrac{4}{21} =$

5 분모가 다른 (진분수)÷(진분수)

공부한 날

/

걸린 시간

분

맞힌 개수

/16

정답: p.2

🐧 분수의 나눗셈을 하세요.

① $\dfrac{3}{4} \div \dfrac{2}{3} =$

② $\dfrac{3}{8} \div \dfrac{9}{16} =$

③ $\dfrac{1}{12} \div \dfrac{4}{9} =$

④ $\dfrac{4}{15} \div \dfrac{10}{21} =$

⑤ $\dfrac{11}{18} \div \dfrac{5}{9} =$

⑥ $\dfrac{16}{21} \div \dfrac{4}{7} =$

⑦ $\dfrac{18}{25} \div \dfrac{3}{8} =$

⑧ $\dfrac{9}{28} \div \dfrac{3}{4} =$

⑨ $\dfrac{2}{7} \div \dfrac{1}{5} =$

⑩ $\dfrac{7}{10} \div \dfrac{14}{25} =$

⑪ $\dfrac{11}{12} \div \dfrac{22}{27} =$

⑫ $\dfrac{9}{16} \div \dfrac{12}{13} =$

⑬ $\dfrac{9}{20} \div \dfrac{7}{15} =$

⑭ $\dfrac{5}{24} \div \dfrac{15}{16} =$

⑮ $\dfrac{25}{26} \div \dfrac{10}{13} =$

⑯ $\dfrac{13}{30} \div \dfrac{2}{5} =$

6 분모가 다른 (진분수)÷(진분수)

공부한 날

걸린 시간

/

분

맞힌 개수

/16

정답: p.2

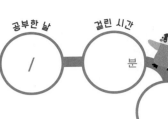

분수의 나눗셈을 하세요.

① $\dfrac{1}{2} \div \dfrac{4}{9} =$

② $\dfrac{3}{4} \div \dfrac{2}{7} =$

③ $\dfrac{4}{5} \div \dfrac{1}{4} =$

④ $\dfrac{11}{12} \div \dfrac{5}{18} =$

⑤ $\dfrac{13}{18} \div \dfrac{7}{9} =$

⑥ $\dfrac{3}{8} \div \dfrac{3}{5} =$

⑦ $\dfrac{2}{11} \div \dfrac{5}{22} =$

⑧ $\dfrac{3}{10} \div \dfrac{1}{6} =$

⑨ $\dfrac{11}{24} \div \dfrac{8}{9} =$

⑩ $\dfrac{4}{15} \div \dfrac{3}{4} =$

⑪ $\dfrac{8}{15} \div \dfrac{7}{12} =$

⑫ $\dfrac{3}{4} \div \dfrac{1}{3} =$

⑬ $\dfrac{5}{6} \div \dfrac{1}{4} =$

⑭ $\dfrac{1}{6} \div \dfrac{2}{9} =$

⑮ $\dfrac{2}{9} \div \dfrac{3}{8} =$

⑯ $\dfrac{9}{10} \div \dfrac{4}{15} =$

🐧 분수의 나눗셈을 하세요.

① $\dfrac{3}{5} \div \dfrac{4}{7} =$

② $\dfrac{7}{8} \div \dfrac{2}{9} =$

③ $\dfrac{9}{10} \div \dfrac{21}{25} =$

④ $\dfrac{10}{13} \div \dfrac{25}{26} =$

⑤ $\dfrac{12}{19} \div \dfrac{4}{5} =$

⑥ $\dfrac{11}{24} \div \dfrac{13}{32} =$

⑦ $\dfrac{25}{27} \div \dfrac{5}{6} =$

⑧ $\dfrac{17}{30} \div \dfrac{34}{45} =$

⑨ $\dfrac{5}{6} \div \dfrac{3}{4} =$

⑩ $\dfrac{4}{9} \div \dfrac{10}{27} =$

⑪ $\dfrac{7}{12} \div \dfrac{4}{7} =$

⑫ $\dfrac{15}{16} \div \dfrac{27}{32} =$

⑬ $\dfrac{15}{22} \div \dfrac{3}{11} =$

⑭ $\dfrac{14}{27} \div \dfrac{7}{18} =$

⑮ $\dfrac{15}{28} \div \dfrac{20}{21} =$

⑯ $\dfrac{27}{40} \div \dfrac{9}{20} =$

8 분모가 다른 (진분수)÷(진분수)

공부한 날

걸린 시간

/

분

맞힌 개수

/16

정답: p.2

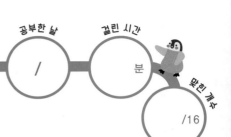

분수의 나눗셈을 하세요.

① $\dfrac{5}{6} \div \dfrac{4}{7} =$

② $\dfrac{3}{8} \div \dfrac{1}{6} =$

③ $\dfrac{7}{10} \div \dfrac{1}{4} =$

④ $\dfrac{14}{15} \div \dfrac{11}{12} =$

⑤ $\dfrac{13}{17} \div \dfrac{10}{13} =$

⑥ $\dfrac{2}{15} \div \dfrac{1}{4} =$

⑦ $\dfrac{10}{21} \div \dfrac{13}{24} =$

⑧ $\dfrac{2}{7} \div \dfrac{2}{3} =$

⑨ $\dfrac{12}{17} \div \dfrac{19}{34} =$

⑩ $\dfrac{2}{5} \div \dfrac{3}{7} =$

⑪ $\dfrac{1}{12} \div \dfrac{7}{18} =$

⑫ $\dfrac{1}{27} \div \dfrac{2}{3} =$

⑬ $\dfrac{3}{7} \div \dfrac{1}{11} =$

⑭ $\dfrac{3}{8} \div \dfrac{11}{24} =$

⑮ $\dfrac{9}{14} \div \dfrac{10}{21} =$

⑯ $\dfrac{7}{10} \div \dfrac{4}{15} =$

분모가 다른
(대분수)÷(대분수), (대분수)÷(진분수)

✏️ **분모가 다른 (대분수)÷(대분수)와 (대분수)÷(진분수)의 나눗셈**

먼저 대분수를 가분수로 고친 다음, 분모가 다른 진분수끼리의 나눗셈과 같은 방법으로 계산해요.

분모가 다른 대분수끼리의 나눗셈

$$1\frac{3}{8} \div 3\frac{1}{4} = \frac{11}{8} \div \frac{13}{4} = \frac{11}{8} \div \frac{26}{8} = 11 \div 26 = \frac{11}{26}$$

$$1\frac{3}{8} \div 3\frac{1}{4} = \frac{11}{8} \div \frac{13}{4} = \frac{11}{\overset{}{\underset{2}{8}}} \times \frac{\overset{1}{4}}{13} = \frac{11}{26}$$

분모가 다른 대분수와 진분수의 나눗셈

$$1\frac{5}{6} \div \frac{3}{4} = \frac{11}{6} \div \frac{3}{4} = \frac{44}{24} \div \frac{18}{24} = 44 \div 18 = \frac{\overset{22}{\cancel{44}}}{\underset{9}{\cancel{18}}} = \frac{22}{9} = 2\frac{4}{9}$$

$$1\frac{5}{6} \div \frac{3}{4} = \frac{11}{6} \div \frac{3}{4} = \frac{11}{\underset{3}{\cancel{6}}} \times \frac{\overset{2}{\cancel{4}}}{3} = \frac{22}{9} = 2\frac{4}{9}$$

하나. 분모가 다른 분수끼리의 나눗셈을 공부합니다.

둘. 계산 중간 과정에서 약분하지 않고 계산 마지막 과정에서 약분을 해도 되지만, 미리 약분을 하여 계산하면 좀 더 편리하다는 것을 알게 합니다.

1

분모가 다른
(대분수)÷(대분수), (대분수)÷(진분수)

공부한 날

걸린 시간

/

분

맞힌 개수

/16

정답: p.3

🐧 분수의 나눗셈을 하세요.

① $1\dfrac{1}{3} \div 1\dfrac{1}{5} =$

② $2\dfrac{4}{5} \div 1\dfrac{1}{4} =$

③ $1\dfrac{6}{7} \div 1\dfrac{8}{14} =$

④ $2\dfrac{1}{5} \div 2\dfrac{3}{10} =$

⑤ $5\dfrac{7}{15} \div 1\dfrac{2}{3} =$

⑥ $3\dfrac{1}{6} \div 1\dfrac{5}{12} =$

⑦ $2\dfrac{5}{26} \div 2\dfrac{3}{13} =$

⑧ $2\dfrac{4}{15} \div 2\dfrac{2}{3} =$

⑨ $1\dfrac{7}{13} \div 1\dfrac{2}{5} =$

⑩ $2\dfrac{3}{7} \div 2\dfrac{5}{14} =$

⑪ $2\dfrac{3}{4} \div 1\dfrac{5}{12} =$

⑫ $3\dfrac{7}{20} \div 1\dfrac{4}{5} =$

⑬ $2\dfrac{9}{20} \div 2\dfrac{1}{10} =$

⑭ $3\dfrac{5}{18} \div 2\dfrac{7}{9} =$

⑮ $3\dfrac{5}{21} \div 1\dfrac{3}{7} =$

⑯ $2\dfrac{5}{14} \div 2\dfrac{1}{7} =$

2

분모가 다른
(대분수)÷(대분수), (대분수)÷(진분수)

공부한 날 /

걸린 시간 분

맞힌 개수 /16

정답: p.3

분수의 나눗셈을 하세요.

① $1\frac{2}{15} \div \frac{2}{3} =$

② $2\frac{7}{16} \div \frac{3}{8} =$

③ $1\frac{3}{14} \div \frac{5}{28} =$

④ $2\frac{1}{12} \div \frac{1}{2} =$

⑤ $1\frac{2}{3} \div \frac{3}{5} =$

⑥ $1\frac{1}{6} \div \frac{4}{9} =$

⑦ $2\frac{5}{18} \div \frac{7}{12} =$

⑧ $2\frac{3}{16} \div \frac{7}{8} =$

⑨ $1\frac{5}{21} \div \frac{2}{15} =$

⑩ $1\frac{5}{14} \div \frac{1}{6} =$

⑪ $1\frac{7}{18} \div \frac{5}{6} =$

⑫ $1\frac{5}{32} \div \frac{7}{8} =$

⑬ $2\frac{4}{15} \div \frac{3}{5} =$

⑭ $2\frac{4}{21} \div \frac{4}{7} =$

⑮ $2\frac{3}{22} \div \frac{1}{11} =$

⑯ $2\frac{5}{14} \div \frac{1}{21} =$

3

분모가 다른
(대분수)÷(대분수), (대분수)÷(진분수)

공부한 날
/

걸린 시간
분

맞힌 개수
/16

정답: p.3

🐧 분수의 나눗셈을 하세요.

① $2\dfrac{1}{8} \div 2\dfrac{2}{16} =$

② $1\dfrac{5}{12} \div 1\dfrac{11}{18} =$

③ $1\dfrac{2}{21} \div 2\dfrac{3}{7} =$

④ $2\dfrac{4}{5} \div 2\dfrac{8}{15} =$

⑤ $1\dfrac{1}{14} \div 1\dfrac{7}{28} =$

⑥ $1\dfrac{5}{22} \div 1\dfrac{7}{44} =$

⑦ $1\dfrac{4}{18} \div 1\dfrac{5}{9} =$

⑧ $5\dfrac{5}{9} \div 1\dfrac{2}{3} =$

⑨ $2\dfrac{1}{12} \div 1\dfrac{5}{6} =$

⑩ $3\dfrac{6}{15} \div 1\dfrac{14}{25} =$

⑪ $1\dfrac{10}{17} \div 1\dfrac{5}{7} =$

⑫ $1\dfrac{2}{15} \div 2\dfrac{5}{6} =$

⑬ $1\dfrac{1}{26} \div 1\dfrac{8}{13} =$

⑭ $1\dfrac{3}{32} \div 1\dfrac{15}{16} =$

⑮ $3\dfrac{13}{20} \div 1\dfrac{3}{10} =$

⑯ $3\dfrac{5}{24} \div 2\dfrac{5}{6} =$

분수의 나눗셈을 하세요.

① $1\dfrac{1}{8} \div \dfrac{5}{9} =$

② $2\dfrac{1}{12} \div \dfrac{5}{6} =$

③ $1\dfrac{7}{15} \div \dfrac{11}{30} =$

④ $2\dfrac{3}{11} \div \dfrac{5}{22} =$

⑤ $1\dfrac{3}{5} \div \dfrac{1}{10} =$

⑥ $1\dfrac{3}{34} \div \dfrac{3}{17} =$

⑦ $1\dfrac{7}{18} \div \dfrac{5}{6} =$

⑧ $1\dfrac{1}{27} \div \dfrac{7}{9} =$

⑨ $1\dfrac{7}{8} \div \dfrac{5}{24} =$

⑩ $1\dfrac{9}{27} \div \dfrac{1}{12} =$

⑪ $2\dfrac{2}{7} \div \dfrac{9}{14} =$

⑫ $2\dfrac{5}{9} \div \dfrac{1}{6} =$

⑬ $2\dfrac{5}{8} \div \dfrac{2}{6} =$

⑭ $2\dfrac{2}{15} \div \dfrac{8}{21} =$

⑮ $2\dfrac{3}{28} \div \dfrac{2}{7} =$

⑯ $3\dfrac{4}{8} \div \dfrac{4}{24} =$

분모가 다른
(대분수)÷(대분수), (대분수)÷(진분수)

정답: p.3

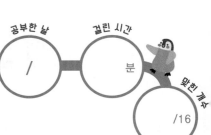

공부한 날
/

걸린 시간
분

맞힌 개수
/16

 분수의 나눗셈을 하세요.

① $1\dfrac{2}{3} \div 1\dfrac{2}{5} =$

② $2\dfrac{3}{4} \div 1\dfrac{7}{11} =$

③ $2\dfrac{5}{22} \div 2\dfrac{1}{3} =$

④ $2\dfrac{4}{15} \div 1\dfrac{10}{21} =$

⑤ $3\dfrac{11}{18} \div 1\dfrac{2}{3} =$

⑥ $1\dfrac{16}{31} \div 1\dfrac{1}{2} =$

⑦ $1\dfrac{8}{17} \div 1\dfrac{2}{3} =$

⑧ $2\dfrac{9}{14} \div 2\dfrac{2}{5} =$

⑨ $2\dfrac{2}{17} \div 1\dfrac{1}{3} =$

⑩ $1\dfrac{7}{11} \div 1\dfrac{3}{7} =$

⑪ $3\dfrac{11}{12} \div 3\dfrac{9}{10} =$

⑫ $2\dfrac{8}{15} \div 2\dfrac{1}{6} =$

⑬ $1\dfrac{9}{25} \div 1\dfrac{2}{3} =$

⑭ $2\dfrac{5}{22} \div 1\dfrac{1}{2} =$

⑮ $1\dfrac{17}{32} \div 1\dfrac{3}{4} =$

⑯ $3\dfrac{5}{12} \div 1\dfrac{2}{5} =$

😄 분수의 나눗셈을 하세요.

① $1\dfrac{1}{13} \div \dfrac{4}{5} =$

② $2\dfrac{3}{17} \div \dfrac{1}{3} =$

③ $2\dfrac{4}{5} \div \dfrac{3}{14} =$

④ $3\dfrac{11}{12} \div \dfrac{5}{8} =$

⑤ $2\dfrac{3}{18} \div \dfrac{7}{4} =$

⑥ $3\dfrac{1}{18} \div \dfrac{3}{5} =$

⑦ $3\dfrac{2}{11} \div \dfrac{1}{2} =$

⑧ $4\dfrac{2}{13} \div \dfrac{1}{8} =$

⑨ $1\dfrac{11}{15} \div \dfrac{4}{5} =$

⑩ $2\dfrac{5}{11} \div \dfrac{3}{4} =$

⑪ $2\dfrac{7}{12} \div \dfrac{3}{5} =$

⑫ $3\dfrac{4}{9} \div \dfrac{1}{3} =$

⑬ $3\dfrac{5}{6} \div \dfrac{1}{4} =$

⑭ $4\dfrac{1}{5} \div \dfrac{2}{11} =$

⑮ $4\dfrac{1}{18} \div \dfrac{2}{3} =$

⑯ $4\dfrac{9}{10} \div \dfrac{4}{15} =$

분모가 다른
(대분수)÷(대분수), (대분수)÷(진분수)

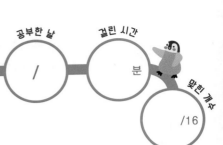

정답: p.3

/16

분수의 나눗셈을 하세요.

① $1\dfrac{3}{5} \div 1\dfrac{6}{15} =$

② $1\dfrac{7}{8} \div 1\dfrac{3}{14} =$

③ $2\dfrac{9}{10} \div 1\dfrac{21}{25} =$

④ $1\dfrac{10}{28} \div 1\dfrac{5}{14} =$

⑤ $1\dfrac{11}{24} \div 1\dfrac{5}{18} =$

⑥ $1\dfrac{1}{24} \div 1\dfrac{3}{32} =$

⑦ $2\dfrac{5}{27} \div 1\dfrac{5}{6} =$

⑧ $2\dfrac{17}{30} \div 1\dfrac{7}{45} =$

⑨ $2\dfrac{5}{9} \div 1\dfrac{3}{12} =$

⑩ $3\dfrac{4}{9} \div 1\dfrac{5}{27} =$

⑪ $1\dfrac{7}{12} \div 1\dfrac{5}{18} =$

⑫ $1\dfrac{15}{16} \div 1\dfrac{7}{18} =$

⑬ $2\dfrac{15}{33} \div 2\dfrac{3}{11} =$

⑭ $1\dfrac{14}{39} \div 1\dfrac{7}{18} =$

⑮ $1\dfrac{15}{28} \div 1\dfrac{20}{21} =$

⑯ $2\dfrac{14}{30} \div 1\dfrac{7}{20} =$

8 분모가 다른
(대분수)÷(대분수), (대분수)÷(진분수)

정답: p.3

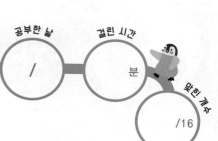

공부한 날
/

걸린 시간
분

맞힌 개수
/16

분수의 나눗셈을 하세요.

① $1\dfrac{5}{21} \div \dfrac{4}{7} =$

② $2\dfrac{3}{18} \div \dfrac{1}{12} =$

③ $3\dfrac{7}{10} \div \dfrac{1}{15} =$

④ $2\dfrac{14}{15} \div \dfrac{11}{12} =$

⑤ $1\dfrac{13}{17} \div \dfrac{10}{13} =$

⑥ $2\dfrac{2}{15} \div \dfrac{1}{12} =$

⑦ $2\dfrac{10}{28} \div \dfrac{13}{21} =$

⑧ $4\dfrac{1}{6} \div \dfrac{2}{3} =$

⑨ $1\dfrac{12}{17} \div \dfrac{19}{34} =$

⑩ $2\dfrac{2}{5} \div \dfrac{2}{9} =$

⑪ $2\dfrac{1}{12} \div \dfrac{7}{24} =$

⑫ $2\dfrac{1}{27} \div \dfrac{2}{3} =$

⑬ $3\dfrac{1}{18} \div \dfrac{5}{22} =$

⑭ $4\dfrac{8}{9} \div \dfrac{11}{24} =$

⑮ $4\dfrac{7}{14} \div \dfrac{7}{24} =$

⑯ $5\dfrac{7}{10} \div \dfrac{4}{25} =$

③ 자릿수가 같은 (소수)÷(소수)

✏ 분수의 나눗셈으로 바꾸어 계산하기

소수 자릿수만큼 소수를 분모가 10, 100, 1000, ……인 분수로 고쳐요.

예를 들어, 소수 한 자리 수는 분모가 10인 분수로, 소수 두 자리 수는 분모가 100인

분수로 고쳐서 계산해요.

분수의 나눗셈으로 바꾸어 계산하기

$$1.5 \div 0.3 = \frac{15}{10} \div \frac{3}{10}$$
$$= 15 \div 3 = 5$$

$$1.56 \div 0.26 = \frac{156}{100} \div \frac{26}{100}$$
$$= 156 \div 26 = 6$$

✏ 소수점을 옮겨 세로로 계산하기

나누는 수와 나누어지는 수의 소수점을 각각 오른쪽으로 똑같이 옮겨서

(자연수)÷(자연수)로 바꾸어 계산해요.

몫의 소수점의 위치는 나누어지는 수의 옮긴 소수점의 위치에 맞추어 찍어요.

소수점을 옮겨 세로로 계산하기

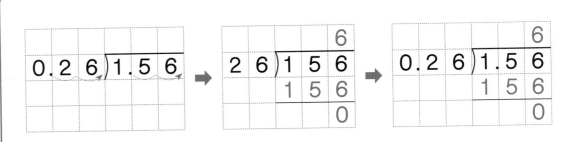

하나. 자릿수가 같은 소수의 나눗셈을 공부합니다.

둘. 소수점을 옮겨 세로로 계산할 때에는 몫의 소수점의 위치에 주의하도록 합니다.

1 자릿수가 같은 (소수)÷(소수)

정답: p.4

나눗셈을 하세요.

①
```
0 6 ) 1 9 . 5
```

④
```
2 . 3 ) 3 4 . 5
```

⑦
```
2 . 4 5 ) 7 . 8 4
```

②
```
1 . 4 ) 3 3 . 6
```

⑤
```
2 . 5 ) 4 0 . 5
```

⑧
```
3 . 6 6 ) 9 . 1 5
```

③
```
1 . 8 ) 4 1 . 4
```

⑥
```
3 . 2 ) 5 7 . 6
```

⑨
```
4 . 2 7 ) 8 . 5 4
```

2 자릿수가 같은 (소수)÷(소수)

공부한 날

걸린 시간
분

맞힌 개수
/16

정답: p.4

🐧 나눗셈을 하세요.

① $15.4 \div 0.7 =$

② $4.5 \div 0.5 =$

③ $21.6 \div 2.7 =$

④ $16.8 \div 1.4 =$

⑤ $48.6 \div 3.6 =$

⑥ $56.7 \div 1.8 =$

⑦ $34.2 \div 1.2 =$

⑧ $35.4 \div 2.5 =$

⑨ $7.28 \div 0.52 =$

⑩ $7.56 \div 0.63 =$

⑪ $9.54 \div 1.59 =$

⑫ $7.84 \div 1.96 =$

⑬ $8.33 \div 2.38 =$

⑭ $8.15 \div 3.26 =$

⑮ $9.52 \div 2.72 =$

⑯ $8.95 \div 1.25 =$

3 자릿수가 같은 (소수)÷(소수)

나눗셈을 하세요.

① 0.9)46.8

④ 2.3)52.9

⑦ 3.75)6.75

② 1.5)54.3

⑤ 2.8)60.2

⑧ 4.51)9.02

③ 1.7)64.6

⑥ 3.6)75.6

⑨ 5.14)2.57

🐧 나눗셈을 하세요.

① $17.1 \div 0.9 =$

② $19.2 \div 0.8 =$

③ $10.4 \div 1.3 =$

④ $46.4 \div 2.9 =$

⑤ $25.8 \div 1.2 =$

⑥ $43.7 \div 3.8 =$

⑦ $61.2 \div 2.4 =$

⑧ $39.2 \div 3.2 =$

⑨ $9.31 \div 0.49 =$

⑩ $6.12 \div 0.68 =$

⑪ $9.57 \div 3.19 =$

⑫ $9.72 \div 2.43 =$

⑬ $4.92 \div 3.28 =$

⑭ $8.28 \div 1.84 =$

⑮ $8.61 \div 2.05 =$

⑯ $7.02 \div 2.16 =$

🐧 나눗셈을 하세요.

①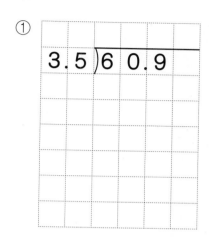
$$3.5\,\overline{)\,60.9}$$

④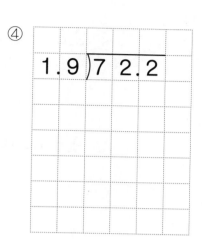
$$1.9\,\overline{)\,72.2}$$

⑦
$$2.65\,\overline{)\,9.01}$$

②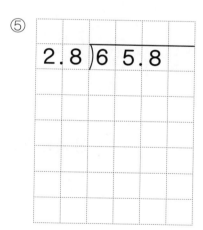
$$2.2\,\overline{)\,75.9}$$

⑤
$$2.8\,\overline{)\,65.8}$$

⑧
$$3.26\,\overline{)\,8.15}$$

③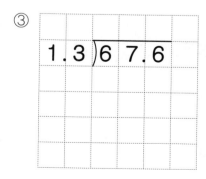
$$1.3\,\overline{)\,67.6}$$

⑥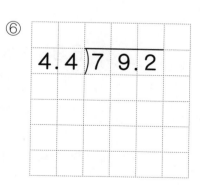
$$4.4\,\overline{)\,79.2}$$

⑨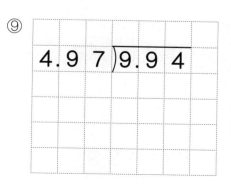
$$4.97\,\overline{)\,9.94}$$

6 자릿수가 같은 (소수)÷(소수)

공부한 날 /
걸린 시간 분
맞힌 개수 /16

정답: p.4

나눗셈을 하세요.

① $76.8 \div 4.8 =$

② $68.9 \div 5.3 =$

③ $29.6 \div 3.7 =$

④ $67.2 \div 16.8 =$

⑤ $59.8 \div 5.2 =$

⑥ $76.3 \div 3.5 =$

⑦ $75.9 \div 4.4 =$

⑧ $67.5 \div 3.6 =$

⑨ $9.81 \div 3.27 =$

⑩ $9.66 \div 4.83 =$

⑪ $4.84 \div 6.05 =$

⑫ $7.83 \div 4.35 =$

⑬ $8.46 \div 5.64 =$

⑭ $4.14 \div 5.52 =$

⑮ $6.93 \div 5.25 =$

⑯ $7.98 \div 4.56 =$

7 자릿수가 같은 (소수)÷(소수)

정답: p.4

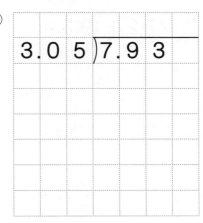

공부한 날 / 걸린 시간 분 맞힌 개수 /9

🐧 나눗셈을 하세요.

① 1.6)7 5.2

② 2.5)7 8.5

③ 3.7)8 5.1

④ 1.8)8 3.7

⑤ 3.2)6 5.6

⑥ 4.3)8 1.7

⑦ 2.4 7)7.4 1

⑧ 3.0 5)7.9 3

⑨ 4.2 4)6.3 6

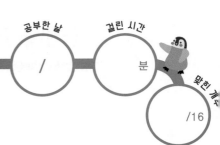

8 자릿수가 같은 (소수)÷(소수)

공부한 날 / 걸린 시간 분

정답: p.4

/16

나눗셈을 하세요.

① 83.3 ÷ 4.9 =

② 56.7 ÷ 6.3 =

③ 68.4 ÷ 5.7 =

④ 77.2 ÷ 19.3 =

⑤ 75.6 ÷ 7.2 =

⑥ 67.5 ÷ 5.4 =

⑦ 73.1 ÷ 6.8 =

⑧ 74.2 ÷ 5.6 =

⑨ 8.49 ÷ 2.83 =

⑩ 9.55 ÷ 1.91 =

⑪ 6.92 ÷ 8.65 =

⑫ 9.87 ÷ 6.58 =

⑬ 7.35 ÷ 5.25 =

⑭ 7.11 ÷ 9.48 =

⑮ 8.45 ÷ 6.76 =

⑯ 4.68 ÷ 6.24 =

40 한 권으로 계산 끝 12

자릿수가 다른 (소수)÷(소수)

📝 분수의 나눗셈으로 바꾸어 계산하기

분모가 10인 분수 또는 분모가 100인 분수로 바꾸어 계산해요.
두 방법 모두 계산 결과는 같아요.

> **분수의 나눗셈으로 바꾸어 계산하기**
>
> $$6.75 \div 2.7 = \frac{67.5}{10} \div \frac{27}{10} = 67.5 \div 27 = 2.5$$
>
> $$6.75 \div 2.7 = \frac{675}{100} \div \frac{270}{100} = 675 \div 270 = 2.5$$

📝 소수점을 옮겨 세로로 계산하기

나누는 수가 자연수가 되도록 나누는 수와 나누어지는 수의 소수점을 오른쪽으로
똑같이 옮겨서 계산해요.

> **소수점을 옮겨 세로로 계산하기**
>
> $2.7\,)\,6.7\,5$ ➡
>
> ```
>          2.5
> 2 7 ) 6 7 . 5
>       5 4
>       1 3 5
>       1 3 5
>             0
> ```
>
> $2.7\,0\,)\,6.7\,5$ ➡
>
> ```
>              2.5
> 2.7 0 ) 6 7 5 . 0
>         5 4 0
>         1 3 5 0
>         1 3 5 0
>                 0
> ```

학습 포인트

하나. 자릿수가 다른 소수의 나눗셈을 공부합니다.

둘. 나누는 수가 자연수가 되도록 소수점을 옮기는 것에 주의하며 계산할 수 있도록 지도합니다.

1 자릿수가 다른 (소수)÷(소수)

공부한 날 /
걸린 시간 분
맞힌 개수 /9

정답: p.5

나눗셈을 하세요.

① $0.7\overline{)9.24}$

④ $2.5\overline{)21.75}$

⑦ $3.6\overline{)34.56}$

② $1.2\overline{)30.84}$

⑤ $2.9\overline{)41.47}$

⑧ $4.3\overline{)63.64}$

③ $1.6\overline{)25.92}$

⑥ $3.4\overline{)38.08}$

⑨ $4.8\overline{)54.72}$

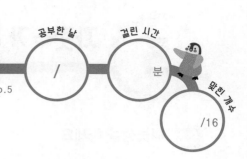

🐧 나눗셈을 하세요.

① 3.91 ÷ 4.6 =

② 58.96 ÷ 6.7 =

③ 15.64 ÷ 2.3 =

④ 50.94 ÷ 1.8 =

⑤ 25.13 ÷ 3.5 =

⑥ 53.48 ÷ 5.6 =

⑦ 25.38 ÷ 1.2 =

⑧ 57.42 ÷ 4.4 =

⑨ 4.8 ÷ 0.64 =

⑩ 23.4 ÷ 3.25 =

⑪ 19.8 ÷ 2.64 =

⑫ 57.8 ÷ 4.25 =

⑬ 13.8 ÷ 3.68 =

⑭ 37.8 ÷ 4.32 =

⑮ 21.2 ÷ 1.25 =

⑯ 54.4 ÷ 2.56 =

3 자릿수가 다른 (소수)÷(소수)

공부한 날 /
걸린 시간 분
맞힌 개수 /9

정답: p.5

나눗셈을 하세요.

① $0.8\overline{)7.84}$

② $1.4\overline{)34.72}$

③ $1.9\overline{)60.23}$

④ $2.7\overline{)31.86}$

⑤ $2.8\overline{)42.84}$

⑥ $3.2\overline{)24.96}$

⑦ $3.8\overline{)43.32}$

⑧ $4.5\overline{)22.05}$

⑨ $4.9\overline{)59.78}$

4 자릿수가 다른 (소수)÷(소수)

공부한 날

/

걸린 시간

분

맞힌 개수

/16

정답: p.5

 나눗셈을 하세요.

① $42.24 \div 4.4 =$

② $60.48 \div 2.7 =$

③ $59.89 \div 5.3 =$

④ $53.82 \div 3.9 =$

⑤ $6.46 \div 6.8 =$

⑥ $26.08 \div 3.2 =$

⑦ $41.52 \div 1.5 =$

⑧ $60.45 \div 2.6 =$

⑨ $7.8 \div 3.12 =$

⑩ $32.3 \div 4.25 =$

⑪ $16.5 \div 1.32 =$

⑫ $68.2 \div 2.48 =$

⑬ $8.4 \div 0.96 =$

⑭ $26.5 \div 4.24 =$

⑮ $47.4 \div 3.75 =$

⑯ $17.6 \div 1.28 =$

🐧 나눗셈을 하세요.

① 5.2⟌5 8.2 4

④ 5.5⟌6 5.4 5

⑦ 6.3⟌7 3.7 1

② 6.7⟌6 1.6 4

⑤ 7.4⟌6 5.8 6

⑧ 7.6⟌8 5.1 2

③ 8.1⟌4 5.3 6

⑥ 8.8⟌8 4.4 8

⑨ 9.2⟌9 3.8 4

6

자릿수가 다른 (소수)÷(소수)

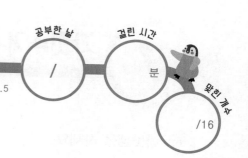

공부한 날

걸린 시간

/

분

맞힌 개수

/16

정답: p.5

🐧 나눗셈을 하세요.

① $7.74 \div 8.6 =$

② $61.06 \div 7.1 =$

③ $79.38 \div 6.3 =$

④ $85.84 \div 14.8 =$

⑤ $43.47 \div 5.4 =$

⑥ $89.76 \div 9.6 =$

⑦ $73.08 \div 7.2 =$

⑧ $82.94 \div 6.5 =$

⑨ $11.5 \div 0.92 =$

⑩ $25.2 \div 5.25 =$

⑪ $83.7 \div 3.72 =$

⑫ $22.4 \div 1.28 =$

⑬ $16.2 \div 4.32 =$

⑭ $19.6 \div 2.24 =$

⑮ $76.2 \div 3.75 =$

⑯ $65.7 \div 5.84 =$

7 자릿수가 다른 (소수)÷(소수)

정답: p.5

🐧 나눗셈을 하세요.

①

$$5.4 \overline{)47.52}$$

④

$$5.6 \overline{)77.84}$$

⑦

$$6.5 \overline{)74.75}$$

②

$$6.8 \overline{)85.68}$$

⑤

$$7.2 \overline{)61.92}$$

⑧

$$7.9 \overline{)90.06}$$

③

$$8.3 \overline{)64.74}$$

⑥

$$8.7 \overline{)89.61}$$

⑨

$$9.6 \overline{)83.52}$$

8 자릿수가 다른 (소수)÷(소수)

공부한 날

/

걸린 시간

분

맞힌 개수

/16

정답: p.5

나눗셈을 하세요.

① $69.75 \div 9.3 =$

② $49.28 \div 7.7 =$

③ $85.17 \div 5.1 =$

④ $91.52 \div 6.4 =$

⑤ $7.14 \div 8.5 =$

⑥ $51.48 \div 7.2 =$

⑦ $98.56 \div 5.6 =$

⑧ $86.24 \div 22.4 =$

⑨ $43.2 \div 5.76 =$

⑩ $59.2 \div 9.25 =$

⑪ $72.1 \div 1.75 =$

⑫ $62.4 \div 3.25 =$

⑬ $36.4 \div 4.16 =$

⑭ $43.8 \div 3.75 =$

⑮ $81.9 \div 7.28 =$

⑯ $74.1 \div 3.12 =$

심화 개념 알고 가기 1

✏️ (자연수)÷(소수)의 계산 ①

분모가 10인 분수 또는 분모가 100인 분수로 바꾸어 계산해요.

> **분수의 나눗셈으로 바꾸어 계산하기**
>
> $$17 \div 3.4 = \frac{170}{10} \div \frac{34}{10} = 170 \div 34 = 5$$
>
> $$378 \div 1.26 = \frac{37800}{100} \div \frac{126}{100} = 37800 \div 126 = 300$$

✏️ (자연수)÷(소수)의 계산 ②

나누는 수가 자연수가 되도록 나누는 수와 나누어지는 수의 소수점을
오른쪽으로 똑같이 옮겨서 계산해요.

> **소수점을 옮겨 세로로 계산하기**

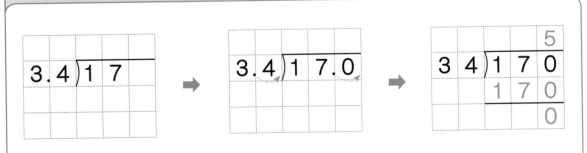

하나. 자연수를 소수로 나누는 계산에 대해 공부합니다.

둘. 나누는 수가 자연수가 되도록 소수점을 옮기는 것에 주의하며 계산할 수 있도록 합니다.

Special Lesson 심화 개념 알고 가기 1

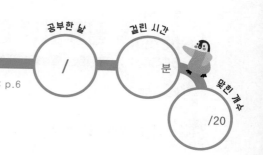

공부한 날

/

걸린 시간

분

맞힌 개수

/20

정답: p.6

나눗셈을 하세요.

① 5 ÷ 1.25 =

② 7 ÷ 1.4 =

③ 48 ÷ 0.6 =

④ 36 ÷ 1.5 =

⑤ 61 ÷ 2.44 =

⑥ 736 ÷ 3.2 =

⑦ 602 ÷ 1.4 =

⑧ 882 ÷ 4.2 =

⑨ 1840 ÷ 2.3 =

⑩ 2500 ÷ 1.25 =

⑪ 1 ÷ 2.5 =

⑫ 4 ÷ 2.5 =

⑬ 27 ÷ 0.03 =

⑭ 75 ÷ 0.5 =

⑮ 36 ÷ 2.4 =

⑯ 714 ÷ 8.5 =

⑰ 625 ÷ 0.02 =

⑱ 912 ÷ 3.8 =

⑲ 1342 ÷ 2.2 =

⑳ 5111 ÷ 1.9 =

Special Lesson

심화 개념 알고 가기 1

공부한 날
/

걸린 시간
분

맞힌 개수
/9

정답: p.6

나눗셈을 하세요.

① 1.2) 6 3.6

④ 0.6) 1 9 2

⑦ 0.7) 9 1

② 2.1) 1 4 7

⑤ 5.4) 6 4 8

⑧ 2.5) 8 0

③ 0.2) 1 2 5

⑥ 1.3) 6 7 6

⑨ 3.3) 9 5 7

심화 개념 알고 가기 1

정답: p.6

 나눗셈을 하세요.

① $9 \div 0.03 =$

② $96 \div 2.4 =$

③ $74 \div 0.37 =$

④ $255 \div 1.7 =$

⑤ $180 \div 0.03 =$

⑥ $324 \div 0.6 =$

⑦ $792 \div 0.66 =$

⑧ $7500 \div 0.5 =$

⑨ $2201 \div 7.1 =$

⑩ $5019 \div 2.1 =$

⑪ $5 \div 1.25 =$

⑫ $36 \div 2.4 =$

⑬ $84 \div 1.2 =$

⑭ $598 \div 1.3 =$

⑮ $196 \div 0.14 =$

⑯ $327 \div 1.09 =$

⑰ $471 \div 15.7 =$

⑱ $702 \div 2.7 =$

⑲ $5415 \div 1.5 =$

⑳ $8784 \div 1.2 =$

실력 체크

중간 점검

실력 체크

1-A 분모가 다른 (진분수)÷(진분수)

공부한 날 　　월　　일
걸린 시간 　　분　　초
맞힌 개수 　　/16

정답: p.7

 분수의 나눗셈을 하세요.

① $\dfrac{1}{2} \div \dfrac{1}{6} =$

② $\dfrac{1}{5} \div \dfrac{9}{20} =$

③ $\dfrac{11}{24} \div \dfrac{11}{15} =$

④ $\dfrac{7}{12} \div \dfrac{14}{27} =$

⑤ $\dfrac{3}{11} \div \dfrac{9}{22} =$

⑥ $\dfrac{8}{15} \div \dfrac{2}{5} =$

⑦ $\dfrac{5}{6} \div \dfrac{10}{11} =$

⑧ $\dfrac{6}{17} \div \dfrac{21}{34} =$

⑨ $\dfrac{16}{21} \div \dfrac{8}{9} =$

⑩ $\dfrac{9}{20} \div \dfrac{27}{32} =$

⑪ $\dfrac{5}{7} \div \dfrac{20}{21} =$

⑫ $\dfrac{27}{32} \div \dfrac{3}{16} =$

⑬ $\dfrac{14}{15} \div \dfrac{21}{25} =$

⑭ $\dfrac{22}{27} \div \dfrac{11}{18} =$

⑮ $\dfrac{8}{9} \div \dfrac{16}{27} =$

⑯ $\dfrac{16}{45} \div \dfrac{2}{15} =$

정답: p.7

🐧 분수의 나눗셈을 하세요.

① $\dfrac{7}{8} \div \dfrac{3}{16} =$

② $\dfrac{1}{5} \div \dfrac{7}{10} =$

③ $\dfrac{5}{14} \div \dfrac{1}{6} =$

④ $\dfrac{1}{2} \div \dfrac{2}{9} =$

⑤ $\dfrac{7}{24} \div \dfrac{5}{8} =$

⑥ $\dfrac{4}{9} \div \dfrac{11}{15} =$

⑦ $\dfrac{4}{13} \div \dfrac{1}{7} =$

⑧ $\dfrac{7}{19} \div \dfrac{17}{38} =$

⑨ $\dfrac{9}{20} \div \dfrac{9}{10} =$

⑩ $\dfrac{3}{4} \div \dfrac{7}{12} =$

⑪ $\dfrac{9}{20} \div \dfrac{4}{45} =$

⑫ $\dfrac{3}{7} \div \dfrac{1}{8} =$

분모가 다른
(대분수)÷(대분수), (대분수)÷(진분수)

공부한 날	월	일
걸린 시간	분	초
맞힌 개수		/16

정답: p.7

 분수의 나눗셈을 하세요.

① $1\dfrac{1}{11} \div 1\dfrac{1}{6} =$

② $1\dfrac{5}{12} \div 1\dfrac{1}{18} =$

③ $1\dfrac{11}{26} \div 1\dfrac{11}{13} =$

④ $2\dfrac{7}{12} \div 1\dfrac{5}{18} =$

⑤ $2\dfrac{3}{14} \div 2\dfrac{3}{7} =$

⑥ $1\dfrac{7}{20} \div 1\dfrac{3}{15} =$

⑦ $2\dfrac{5}{18} \div 1\dfrac{9}{10} =$

⑧ $2\dfrac{3}{20} \div 1\dfrac{11}{30} =$

⑨ $1\dfrac{13}{27} \div \dfrac{5}{18} =$

⑩ $1\dfrac{7}{30} \div \dfrac{14}{35} =$

⑪ $3\dfrac{5}{7} \div \dfrac{20}{21} =$

⑫ $1\dfrac{21}{30} \div \dfrac{3}{21} =$

⑬ $5\dfrac{7}{10} \div \dfrac{21}{35} =$

⑭ $2\dfrac{17}{28} \div \dfrac{11}{24} =$

⑮ $5\dfrac{7}{9} \div \dfrac{12}{24} =$

⑯ $2\dfrac{12}{35} \div \dfrac{2}{7} =$

분모가 다른
(대분수)÷(대분수), (대분수)÷(진분수)

정답: p.7

🐧 분수의 나눗셈을 하세요.

① $2\dfrac{7}{12} \div 1\dfrac{3}{24} =$

⑦ $2\dfrac{3}{14} \div \dfrac{1}{21} =$

② $1\dfrac{1}{15} \div 2\dfrac{3}{10} =$

⑧ $2\dfrac{7}{18} \div \dfrac{13}{36} =$

③ $2\dfrac{5}{25} \div 1\dfrac{6}{10} =$

⑨ $3\dfrac{7}{17} \div \dfrac{9}{34} =$

④ $5\dfrac{1}{3} \div 2\dfrac{7}{9} =$

⑩ $6\dfrac{8}{15} \div \dfrac{7}{12} =$

⑤ $2\dfrac{8}{27} \div 1\dfrac{4}{9} =$

⑪ $2\dfrac{6}{21} \div \dfrac{6}{35} =$

⑥ $3\dfrac{4}{11} \div 1\dfrac{13}{22} =$

⑫ $1\dfrac{4}{15} \div \dfrac{1}{30} =$

실력 체크

3-A 자릿수가 같은 (소수)÷(소수)

공부한 날	월	일
걸린 시간	분	초
맞힌 개수		/9

정답: p.7

나눗셈을 하세요.

①
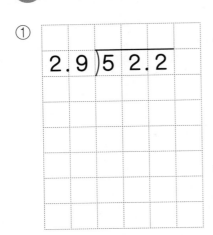
$2.9\,)\,5\,2.2$

④
$1.2\,)\,4\,0.2$

⑦
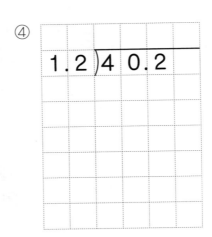
$4.9\,2\,)\,9.8\,4$

②
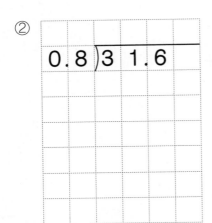
$0.8\,)\,3\,1.6$

⑤
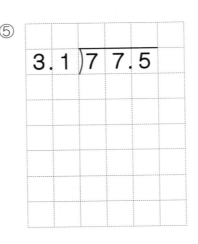
$3.1\,)\,7\,7.5$

⑧
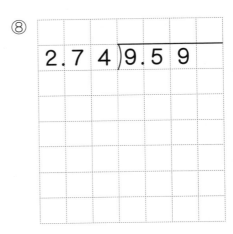
$2.7\,4\,)\,9.5\,9$

③
$2.4\,)\,6\,4.8$

⑥
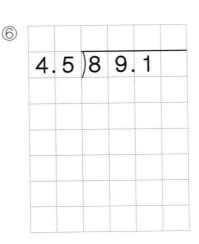
$4.5\,)\,8\,9.1$

⑨
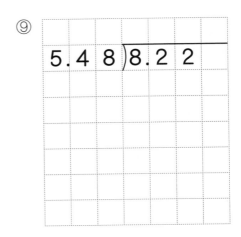
$5.4\,8\,)\,8.2\,2$

실력 체크

3-B 자릿수가 같은 (소수)÷(소수)

공부한 날	월	일
걸린 시간	분	초
맞힌 개수		/12

정답: p.7

 나눗셈을 하세요.

① 12.8 ÷ 0.4 =

② 37.6 ÷ 4.7 =

③ 55.2 ÷ 2.3 =

④ 43.4 ÷ 3.5 =

⑤ 75.6 ÷ 5.6 =

⑥ 66.4 ÷ 3.2 =

⑦ 8.06 ÷ 0.62 =

⑧ 7.38 ÷ 1.23 =

⑨ 8.82 ÷ 2.94 =

⑩ 2.25 ÷ 3.75 =

⑪ 9.84 ÷ 6.56 =

⑫ 9.18 ÷ 4.08 =

4-A 자릿수가 다른 (소수)÷(소수)

공부한 날	월	일
걸린 시간	분	초
맞힌 개수		/9

정답: p.7

나눗셈을 하세요.

①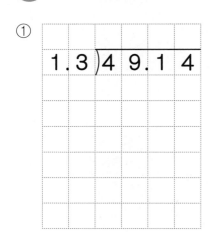

$1.3 \overline{)49.14}$

④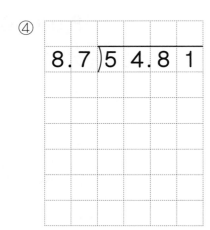

$8.7 \overline{)54.81}$

⑦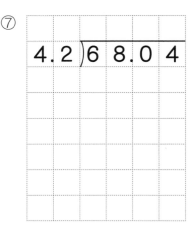

$4.2 \overline{)68.04}$

②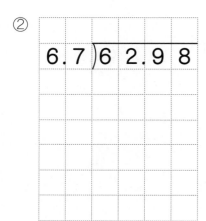

$6.7 \overline{)62.98}$

⑤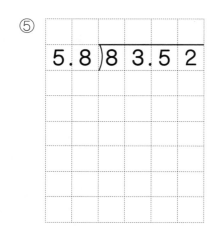

$5.8 \overline{)83.52}$

⑧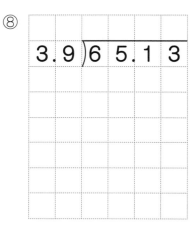

$3.9 \overline{)65.13}$

③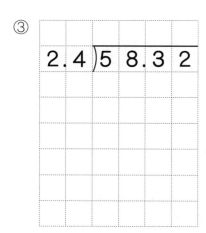

$2.4 \overline{)58.32}$

⑥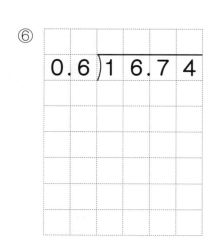

$0.6 \overline{)16.74}$

⑨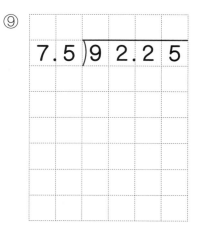

$7.5 \overline{)92.25}$

공부한 날	월	일

4-B 자릿수가 다른 (소수)÷(소수)

공부한 날	월	일
걸린 시간	분	초
맞힌 개수		/12

정답: p.7

🐧 나눗셈을 하세요.

① $4.16 \div 6.4 =$

⑦ $4.2 \div 0.56 =$

② $28.21 \div 3.5 =$

⑧ $50.4 \div 5.25 =$

③ $89.01 \div 4.3 =$

⑨ $61.5 \div 3.75 =$

④ $51.24 \div 5.6 =$

⑩ $11.7 \div 0.72 =$

⑤ $72.52 \div 7.4 =$

⑪ $32.2 \div 3.68 =$

⑥ $56.42 \div 2.8 =$

⑫ $75.5 \div 6.25 =$

가장 간단한 자연수의 비로 나타내기 ①

$$2 : 3$$

전항　후항
└─ 항 ─┘

✏️ 비의 성질

비 ● : ▲에서 ●와 ▲를 비의 항이라고 하고,

기호 : 앞에 있는 ●를 전항, 뒤에 있는 ▲를 후항이라고 해요.

이때 비의 전항과 후항에 0이 아닌 같은 수를 곱하여도 비율은 같고,

비의 전항과 후항을 0이 아닌 같은 수로 나누어도 비율은 같아요.

✏️ (자연수) : (자연수)를 가장 간단한 자연수의 비로 나타내기

각 항을 두 수의 최대공약수로 나누어 가장 간단한 자연수의 비로 나타내요.

> **(자연수) : (자연수)를 가장 간단한 자연수의 비로 나타내기**
>
> $$20 : 32 = (20 \div 4) : (32 \div 4)$$
> $$= 5 : 8$$

✏️ (분수) : (자연수), (소수) : (자연수)를 가장 간단한 자연수의 비로 만들기

(분수) : (자연수)인 경우에는 각 항에 분수의 분모를 곱하고, (소수) : (자연수)인 경우에는
각 항에 10, 100, 1000, ……을 곱하여 자연수의 비로 나타낸 후 계산해요.

> **(분수) : (자연수)를 가장 간단한 자연수의 비로 나타내기**
>
> $$\frac{3}{4} : 6 = (\frac{3}{4} \times 4) : (6 \times 4) = 3 : 24$$
> $$= (3 \div 3) : (24 \div 3) = 1 : 8$$

> **(소수) : (자연수)를 가장 간단한 자연수의 비로 나타내기**
>
> $$0.4 : 5 = (0.4 \times 10) : (5 \times 10) = 4 : 50$$
> $$= (4 \div 2) : (50 \div 2) = 2 : 25$$

학습 포인트

하나. (자연수) : (자연수), (분수) : (자연수), (소수) : (자연수)를 가장 간단한 자연수의 비로 나타내는
방법을 공부합니다.

둘. 가장 간단한 자연수의 비란 전항과 후항의 공약수가 1뿐인 자연수로 이루어진 비를 말합니다.

1 가장 간단한 자연수의 비로 나타내기 ①

가장 간단한 자연수의 비로 나타내세요.

① 4 : 6 =

② 9 : 24 =

③ 12 : 16 =

④ 20 : 15 =

⑤ 35 : 49 =

⑥ 50 : 20 =

⑦ 6 : 2 =

⑧ 12 : 9 =

⑨ 20 : 8 =

⑩ 28 : 21 =

⑪ 36 : 30 =

⑫ 45 : 63 =

가장 간단한 자연수의 비로 나타내세요.

① $\dfrac{1}{3} : 1 =$

⑦ $\dfrac{5}{8} : 4 =$

② $\dfrac{4}{7} : 2 =$

⑧ $\dfrac{4}{15} : 6 =$

③ $\dfrac{4}{9} : 1 =$

⑨ $\dfrac{7}{12} : 1 =$

④ $\dfrac{9}{10} : 6 =$

⑩ $\dfrac{4}{9} : 3 =$

⑤ $\dfrac{6}{7} : 8 =$

⑪ $\dfrac{1}{12} : 3 =$

⑥ $\dfrac{9}{13} : 4 =$

⑫ $\dfrac{5}{6} : 2 =$

가장 간단한 자연수의 비로 나타내세요.

① $1\dfrac{1}{2} : 6 =$

② $1\dfrac{5}{6} : 4 =$

③ $2\dfrac{3}{8} : 7 =$

④ $3\dfrac{1}{9} : 8 =$

⑤ $2\dfrac{3}{4} : 3 =$

⑥ $2\dfrac{2}{5} : 8 =$

⑦ $3\dfrac{3}{4} : 6 =$

⑧ $4\dfrac{2}{3} : 7 =$

⑨ $5\dfrac{1}{6} : 2 =$

⑩ $6\dfrac{1}{8} : 4 =$

⑪ $3\dfrac{1}{3} : 4 =$

⑫ $4\dfrac{3}{8} : 6 =$

4 가장 간단한 자연수의 비로 나타내기 ①

 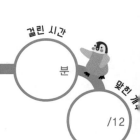

공부한 날 / 걸린 시간 분 맞힌 개수 /12

정답: p.8

🐧 가장 간단한 자연수의 비로 나타내세요.

① 0.2 : 1 =

② 0.5 : 3 =

③ 0.8 : 6 =

④ 1.7 : 5 =

⑤ 0.48 : 9 =

⑥ 1.25 : 4 =

⑦ 0.3 : 2 =

⑧ 0.4 : 5 =

⑨ 0.8 : 4 =

⑩ 1.5 : 6 =

⑪ 0.84 : 10 =

⑫ 1.32 : 1 =

5 가장 간단한 자연수의 비로 나타내기 ①

공부한 날

걸린 시간

분

맞힌 개수

/12

정답: p.8

가장 간단한 자연수의 비로 나타내세요.

① 6 : 28 =

⑦ 6 : 8 =

② 14 : 7 =

⑧ 10 : 16 =

③ 16 : 36 =

⑨ 15 : 18 =

④ 18 : 45 =

⑩ 27 : 36 =

⑤ 30 : 24 =

⑪ 35 : 10 =

⑥ 63 : 54 =

⑫ 56 : 32 =

🐧 가장 간단한 자연수의 비로 나타내세요.

① $\dfrac{2}{9} : 3 =$

② $\dfrac{3}{7} : 4 =$

③ $\dfrac{3}{8} : 5 =$

④ $\dfrac{2}{3} : 5 =$

⑤ $\dfrac{2}{7} : 7 =$

⑥ $\dfrac{2}{13} : 3 =$

⑦ $\dfrac{1}{6} : 2 =$

⑧ $\dfrac{7}{10} : 2 =$

⑨ $\dfrac{1}{2} : 7 =$

⑩ $\dfrac{9}{10} : 2 =$

⑪ $\dfrac{1}{6} : 3 =$

⑫ $\dfrac{7}{15} : 2 =$

가장 간단한 자연수의 비로 나타내세요.

① $4\dfrac{1}{6} : 5 =$

② $4\dfrac{2}{9} : 3 =$

③ $5\dfrac{2}{3} : 2 =$

④ $6\dfrac{2}{3} : 4 =$

⑤ $1\dfrac{2}{7} : 3 =$

⑥ $2\dfrac{2}{5} : 4 =$

⑦ $3\dfrac{1}{4} : 5 =$

⑧ $1\dfrac{3}{20} : 6 =$

⑨ $1\dfrac{3}{8} : 7 =$

⑩ $2\dfrac{5}{6} : 3 =$

⑪ $1\dfrac{1}{2} : 7 =$

⑫ $3\dfrac{1}{3} : 5 =$

8 가장 간단한 자연수의 비로 나타내기 ①

공부한 날

/

걸린 시간

분

맞힌 개수

/12

정답: p.8

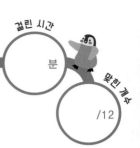

🐧 가장 간단한 자연수의 비로 나타내세요.

① 0.7 : 5 =

② 2.4 : 6 =

③ 3.5 : 8 =

④ 0.18 : 2 =

⑤ 0.64 : 10 =

⑥ 1.92: 4 =

⑦ 0.6 : 4 =

⑧ 2.7 : 2 =

⑨ 5.6 : 7 =

⑩ 0.84 : 6 =

⑪ 1.32 : 5 =

⑫ 3.75 : 10 =

가장 간단한 자연수의 비로 나타내기 ②

✏️ (분수) : (분수)를 가장 간단한 자연수의 비로 나타내기

각 항에 두 분모의 최소공배수를 곱하여 계산해요.

이때 대분수가 있으면 먼저 대분수를 가분수로 고친 후 계산해야 해요.

> **(분수):(분수)를 가장 간단한 자연수의 비로 나타내기**
>
> $$\frac{1}{4} : \frac{2}{3} = \left(\frac{1}{4} \times 12\right) : \left(\frac{2}{3} \times 12\right) = 3 : 8$$
>
> $$2\frac{1}{2} : 1\frac{2}{3} = \frac{5}{2} : \frac{5}{3} = \left(\frac{5}{2} \times 6\right) : \left(\frac{5}{3} \times 6\right) = 15 : 10$$
> $$= (15 \div 5) : (10 \div 5) = 3 : 2$$

✏️ (소수) : (소수)를 가장 간단한 자연수의 비로 나타내기

각 항에 10, 100, 1000, ……을 곱하여 계산해요.

이때 소수의 자릿수가 다르면 자릿수가 많은 쪽을 기준으로 10, 100, 1000, ……을 곱하여 계산해요.

> **(소수):(소수)를 가장 간단한 자연수의 비로 나타내기**
>
> $$0.3 : 1.8 = (0.3 \times 10) : (1.8 \times 10) = 3 : 18$$
> $$= (3 \div 3) : (18 \div 3) = 1 : 6$$
>
> $$0.65 : 0.4 = (0.65 \times 100) : (0.4 \times 100) = 65 : 40$$
> $$= (65 \div 5) : (40 \div 5) = 13 : 8$$

학습 포인트

하나. (분수):(분수), (소수):(소수)를 가장 간단한 자연수의 비로 나타내는 방법을 공부합니다.

둘. 가장 간단한 자연수의 비로 나타내어졌는지 확인하는 습관을 갖도록 합니다.

1 가장 간단한 자연수의 비로 나타내기 ②

공부한 날
/

걸린 시간
분

맞힌 개수
/12

정답: p.9

😊 가장 간단한 자연수의 비로 나타내세요.

① $\dfrac{1}{2} : \dfrac{1}{4} =$

② $\dfrac{1}{3} : \dfrac{2}{5} =$

③ $\dfrac{1}{3} : \dfrac{3}{4} =$

④ $\dfrac{6}{7} : \dfrac{4}{7} =$

⑤ $\dfrac{2}{3} : \dfrac{4}{5} =$

⑥ $\dfrac{1}{4} : \dfrac{5}{6} =$

⑦ $\dfrac{3}{4} : \dfrac{2}{5} =$

⑧ $\dfrac{2}{3} : \dfrac{5}{8} =$

⑨ $\dfrac{2}{5} : \dfrac{4}{7} =$

⑩ $\dfrac{5}{7} : \dfrac{9}{11} =$

⑪ $\dfrac{1}{2} : \dfrac{5}{9} =$

⑫ $\dfrac{9}{10} : \dfrac{3}{8} =$

2 가장 간단한 자연수의 비로 나타내기 ②

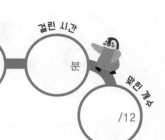

공부한 날

걸린 시간

분

맞힌 개수

/12

정답: p.9

가장 간단한 자연수의 비로 나타내세요.

① $\dfrac{5}{7} : 2\dfrac{1}{2} =$

⑦ $1\dfrac{3}{7} : \dfrac{4}{5} =$

② $1\dfrac{3}{4} : 2\dfrac{1}{3} =$

⑧ $2\dfrac{4}{9} : 1\dfrac{5}{6} =$

③ $2\dfrac{1}{3} : \dfrac{7}{8} =$

⑨ $2\dfrac{1}{8} : 2\dfrac{1}{6} =$

④ $3\dfrac{1}{6} : 1\dfrac{3}{5} =$

⑩ $3\dfrac{1}{3} : 3\dfrac{3}{4} =$

⑤ $\dfrac{3}{5} : 1\dfrac{2}{9} =$

⑪ $\dfrac{4}{7} : 3\dfrac{5}{6} =$

⑥ $1\dfrac{1}{8} : 4\dfrac{1}{2} =$

⑫ $4\dfrac{2}{3} : 2\dfrac{5}{7} =$

3 가장 간단한 자연수의 비로 나타내기 ②

공부한 날 /
걸린 시간 분
맞힌 개수 /12

정답: p.9

가장 간단한 자연수의 비로 나타내세요.

① 0.3 : 0.4 =

② 1.5 : 0.9 =

③ 0.6 : 1.5 =

④ 2.1 : 0.8 =

⑤ 0.7 : 1.6 =

⑥ 2.4 : 4.2 =

⑦ 1.05 : 0.63 =

⑧ 0.48 : 1.32 =

⑨ 0.56 : 1.32 =

⑩ 1.26 : 0.54 =

⑪ 0.14 : 0.17 =

⑫ 0.48 : 0.64 =

가장 간단한 자연수의 비로 나타내세요.

① 1.2 : 2.15 =

⑦ 0.32 : 6.4 =

② 2.05 : 2.5 =

⑧ 2.4 : 0.48 =

③ 1.35 : 4.5 =

⑨ 1.5 : 0.45 =

④ 5.1 : 0.17 =

⑩ 3.8 : 0.19 =

⑤ 0.72 : 1.8 =

⑪ 5.4 : 0.09 =

⑥ 3.4 : 0.68 =

⑫ 1.05 : 1.5 =

가장 간단한 자연수의 비로 나타내세요.

① $\dfrac{4}{7} : \dfrac{5}{6} =$

② $\dfrac{3}{8} : \dfrac{2}{5} =$

③ $\dfrac{7}{8} : \dfrac{5}{6} =$

④ $\dfrac{8}{13} : \dfrac{2}{5} =$

⑤ $\dfrac{2}{7} : \dfrac{3}{5} =$

⑥ $\dfrac{1}{3} : \dfrac{2}{5} =$

⑦ $\dfrac{5}{12} : \dfrac{1}{18} =$

⑧ $\dfrac{7}{9} : \dfrac{3}{8} =$

⑨ $\dfrac{3}{10} : \dfrac{1}{13} =$

⑩ $\dfrac{1}{5} : \dfrac{6}{7} =$

⑪ $\dfrac{4}{15} : \dfrac{5}{12} =$

⑫ $\dfrac{2}{11} : \dfrac{5}{9} =$

6 가장 간단한 자연수의 비로 나타내기 ②

정답: p.9

공부한 날

/

걸린 시간

분

맞힌 개수

/12

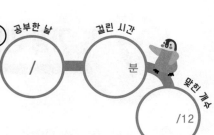

🐧 가장 간단한 자연수의 비로 나타내세요.

① $\frac{2}{3} : 2\frac{4}{9} =$

⑦ $1\frac{3}{7} : 1\frac{1}{5} =$

② $3\frac{4}{7} : 1\frac{7}{8} =$

⑧ $3\frac{2}{3} : 2\frac{2}{5} =$

③ $\frac{4}{9} : 2\frac{2}{7} =$

⑨ $\frac{2}{9} : 1\frac{1}{11} =$

④ $6\frac{1}{4} : 3\frac{4}{5} =$

⑩ $3\frac{1}{2} : \frac{5}{12} =$

⑤ $1\frac{3}{10} : 2\frac{2}{7} =$

⑪ $1\frac{3}{17} : \frac{5}{19} =$

⑥ $1\frac{2}{11} : 2\frac{1}{3} =$

⑫ $2\frac{3}{8} : \frac{7}{15} =$

가장 간단한 자연수의 비로 나타내세요.

① 0.5 : 0.9 =

② 3.5 : 2.1 =

③ 1.7 : 2.6 =

④ 4.2 : 3.5 =

⑤ 1.9 : 3.4 =

⑥ 2.7 : 1.2 =

⑦ 2.24 : 0.84 =

⑧ 0.68 : 1.08 =

⑨ 0.22 : 0.25 =

⑩ 0.57 : 0.76 =

⑪ 2.16 : 1.44 =

⑫ 3.24 : 0.72 =

8 가장 간단한 자연수의 비로 나타내기 ②

공부한 날
/

걸린 시간
분

맞힌 개수
/12

정답: p.9

가장 간단한 자연수의 비로 나타내세요.

① 0.3 : 0.06 =

② 0.32 : 1.6 =

③ 1.25 : 2.5 =

④ 7.2 : 0.09 =

⑤ 1.21 : 1.1 =

⑥ 1.35 : 0.3 =

⑦ 5.2 : 0.04 =

⑧ 6.25 : 2.5 =

⑨ 22.5 : 0.09 =

⑩ 0.99 : 1.1 =

⑪ 1.96 : 1.4 =

⑫ 4.2 : 0.49 =

심화 개념 알고 가기 2

✏️ (분수) : (소수)를 가장 간단한 자연수의 비로 나타내기

소수를 분수로 고치는 경우에는 소수를 먼저 분모가 10, 100, 1000 ……인 분수로 만든 후, (분수) : (분수)의 계산을 해요.

소수를 먼저 분수로 고치기

$$\frac{4}{5} : 3.2 = \frac{4}{5} : \frac{32}{10} = \left(\frac{4}{5} \times 10\right) : \left(\frac{32}{10} \times 10\right) = 8 : 32$$

$$= (8 \div 8) : (32 \div 8) = 1 : 4$$

분수를 소수로 고치는 경우에는 분모가 10, 100, 1000 ……이 되도록 적절한 수를 곱하여 소수로 고친 후, (소수) : (소수)의 계산을 해요.

분수를 먼저 소수로 고치기

$$\frac{4}{5} : 3.2 = 0.8 \div 3.2 = (0.8 \times 10) : (3.2 \times 10) = 8 : 32$$

$$= (8 \div 8) : (32 \div 8) = 1 : 4$$

학습 포인트

하나. (분수):(소수)와 (소수):(분수)를 같은 방법으로 계산할 수 있다는 것을 알게 합니다.

둘. 소수를 먼저 분수로 고치는 것이 더 편한 방법임을 알게 합니다.

Special Lesson

심화 개념 알고 가기 2

공부한 날   걸린 시간

/   분

정답: p.10

맞힌 개수

/20

가장 간단한 자연수의 비로 나타내세요.

① $\dfrac{3}{5} : 1.5 =$

② $\dfrac{1}{4} : 1.2 =$

③ $\dfrac{3}{4} : 0.9 =$

④ $\dfrac{4}{5} : 1.8 =$

⑤ $\dfrac{2}{5} : 1.5 =$

⑥ $1\dfrac{3}{8} : 1.1 =$

⑦ $1\dfrac{5}{8} : 2.6 =$

⑧ $2\dfrac{6}{7} : 2.5 =$

⑨ $2\dfrac{5}{6} : 3.4 =$

⑩ $1\dfrac{7}{8} : 3.75 =$

⑪ $0.8 : \dfrac{1}{4} =$

⑫ $1.8 : \dfrac{3}{5} =$

⑬ $3.6 : \dfrac{2}{5} =$

⑭ $1.5 : \dfrac{3}{4} =$

⑮ $1.6 : \dfrac{7}{25} =$

⑯ $1.75 : 1\dfrac{1}{6} =$

⑰ $2.5 : 3\dfrac{1}{3} =$

⑱ $1.4 : 3\dfrac{1}{2} =$

⑲ $2.7 : 2\dfrac{1}{5} =$

⑳ $2.4 : 2\dfrac{6}{7} =$

비례식

✏️ 비례식

'2 : 3 = 4 : 6'과 같이 비율이 같은 두 비를 등호를 사용하여
나타낸 식을 비례식이라고 해요.

비례식 2 : 3 = 4 : 6에서 바깥쪽에 있는 두 항 2와 6을 외항,
안쪽에 있는 두 항 3과 4를 내항이라고 해요.

외항

$$2 : 3 = 4 : 6$$

내항

✏️ 비례식의 성질

비례식에서 외항의 곱과 내항의 곱은 같아요. 그러므로 비례식에서 모르는 항의 값을
구할 때에는 '외항의 곱과 내항의 곱은 같습니다.'라는 비례식의 성질을 이용하면 돼요.

비례식의 성질을 이용하여 비례식 풀기

$$5 : 4 = 10 : \boxed{}$$

$$5 \times \boxed{} = 4 \times 10$$
$$5 \times \boxed{} = 40$$
$$\boxed{} = 8$$

$$1\frac{1}{3} : \boxed{} = 4 : 9$$

$$\boxed{} \times 4 = \frac{4}{3} \times \overset{3}{\cancel{9}}$$

$$\boxed{} \times 4 = 12$$
$$\boxed{} = 3$$

$$\boxed{} : 0.3 = 10 : 3$$

$$\boxed{} \times 3 = 0.3 \times 10$$
$$\boxed{} \times 3 = 3$$
$$\boxed{} = 1$$

학습
포인트

하나. 비례식을 공부합니다.

둘. 비례식의 성질을 이용하여 비례식을 푸는 문제는 중요하므로 반복할 수 있도록 지도합니다.

😊 □ 안에 알맞은 수를 써넣으세요.

① 1 : 2 = 5 : ☐

⑦ 2 : 4 = ☐ : 18

② 2 : 3 = ☐ : 6

⑧ 9 : ☐ = 3 : 4

③ 4 : ☐ = 20 : 5

⑨ ☐ : 18 = 4 : 6

④ 6 : 8 = 15 : ☐

⑩ 20 : 9 = ☐ : 27

⑤ ☐ : 2 = 24 : 16

⑪ 11 : 12 = 33 : ☐

⑥ 18 : ☐ = 3 : 8

⑫ ☐ : 5 = 16 : 4

2 비례식

공부한 날
걸린 시간
맞힌 개수
/
분
/12

정답: p.11

□ 안에 알맞은 수를 써넣으세요.

① $1 : \dfrac{1}{2} = \boxed{} : 2$

② $\dfrac{2}{3} : 4 = \boxed{} : 12$

③ $10 : 8 = 1\dfrac{1}{4} : \boxed{}$

④ $2\dfrac{2}{5} : \boxed{} = 7 : 10$

⑤ $\boxed{} : 6 = 5 : 3\dfrac{1}{3}$

⑥ $4\dfrac{1}{2} : 3 = 12 : \boxed{}$

⑦ $0.6 : \boxed{} = 2 : 5$

⑧ $3 : 0.9 = \boxed{} : 6$

⑨ $\boxed{} : 10 = 2.1 : 3$

⑩ $3.5 : 14 = 2 : \boxed{}$

⑪ $8 : \boxed{} = 3 : 0.75$

⑫ $\boxed{} : 2 = 11 : 4.4$

3 비례식

□ 안에 알맞은 수를 써넣으세요.

① 1 : 7 = ☐ : 21

② 9 : 14 = 18 : ☐

③ 12 : ☐ = 3 : 8

④ 5 : 20 = ☐ : 60

⑤ 4 : 7 = 16 : ☐

⑥ ☐ : 5 = 18 : 15

⑦ 9 : 7 = ☐ : 28

⑧ 12 : ☐ = 24 : 30

⑨ 2 : ☐ = 10 : 25

⑩ ☐ : 6 = 7 : 3

⑪ 8 : 5 = 64 : ☐

⑫ ☐ : 40 = 3 : 8

4 비례식

□ 안에 알맞은 수를 써넣으세요.

① $3 : \dfrac{1}{4} = \boxed{} : 8$

⑦ $0.8 : 4 = \boxed{} : 5$

② $\boxed{} : \dfrac{3}{5} = 5 : 1$

⑧ $\boxed{} : 12 = 3 : 2.4$

③ $21 : \boxed{} = 9 : 1\dfrac{2}{7}$

⑨ $1.5 : 9 = \boxed{} : 12$

④ $2\dfrac{1}{2} : 4 = 5 : \boxed{}$

⑩ $3 : \boxed{} = 0.6 : 4$

⑤ $10 : \boxed{} = 8 : 3\dfrac{3}{5}$

⑪ $\boxed{} : 6 = 1.25 : 3$

⑥ $4\dfrac{1}{3} : 4 = 13 : \boxed{}$

⑫ $3.2 : 4 = 8 : \boxed{}$

5 비례식

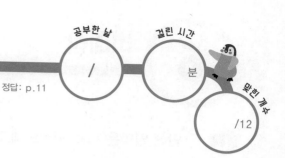

🐧 □ 안에 알맞은 수를 써넣으세요.

① 3 : 4 = 9 : □

⑦ 4 : 6 = □ : 24

② □ : 2 = 4 : 1

⑧ 3 : 21 = 12 : □

③ 6 : □ = 2 : 7

⑨ □ : 28 = 3 : 4

④ 7 : 9 = 28 : □

⑩ 48 : □ = 6 : 7

⑤ □ : 5 = 54 : 30

⑪ 5 : 12 = □ : 60

⑥ 21 : □ = 3 : 7

⑫ 30 : 12 = □ : 2

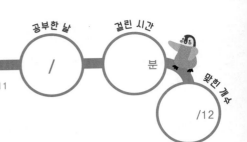

□ 안에 알맞은 수를 써넣으세요.

① $\boxed{} : \dfrac{2}{3} = 12 : 5$

② $2 : \dfrac{5}{8} = \boxed{} : 15$

③ $8 : \boxed{} = 4 : 5\dfrac{1}{2}$

④ $2\dfrac{6}{7} : 10 = 6 : \boxed{}$

⑤ $15 : 4\dfrac{4}{5} = \boxed{} : 8$

⑥ $4 : 9 = 3\dfrac{1}{9} : \boxed{}$

⑦ $1.2 : \boxed{} = 3 : 20$

⑧ $\boxed{} : 6 = 9 : 3.6$

⑨ $0.5 : 2 = \boxed{} : 8$

⑩ $\boxed{} : 2.25 = 4 : 3$

⑪ $3.9 : \boxed{} = 3 : 7$

⑫ $\boxed{} : 9 = 7 : 4.5$

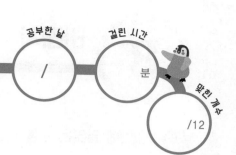

공부한 날 /

걸린 시간 분

맞힌 개수 /12

정답: p.11

🐧 □ 안에 알맞은 수를 써넣으세요.

① $8 : \boxed{} = 32 : 92$

⑦ $45 : 25 = 36 : \boxed{}$

② $42 : 30 = \boxed{} : 5$

⑧ $21 : \boxed{} = 7 : 9$

③ $\boxed{} : 16 = 20 : 64$

⑨ $54 : 36 = 6 : \boxed{}$

④ $\boxed{} : 48 = 9 : 12$

⑩ $9 : 2 = \boxed{} : 10$

⑤ $63 : 72 = 7 : \boxed{}$

⑪ $\boxed{} : 42 = 7 : 6$

⑥ $27 : \boxed{} = 9 : 20$

⑫ $35 : 15 = \boxed{} : 12$

8 비례식

공부한 날

걸린 시간

/

분

맞힌 개수

/12

정답: p.11

□ 안에 알맞은 수를 써넣으세요.

① $\dfrac{5}{6}$: □ = 5 : 18

⑦ 10 : 1.2 = 25 : □

② 3 : $\dfrac{2}{9}$ = □ : 2

⑧ 14 : □ = 2.8 : 3

③ □ : 5 = $3\dfrac{3}{5}$: 4

⑨ 4.5 : 12 = □ : 8

④ $4\dfrac{3}{8}$: 10 = 7 : □

⑩ 0.8 : 5 = 4 : □

⑤ □ : 12 = $4\dfrac{5}{6}$: 2

⑪ 10 : □ = 15 : 3.75

⑥ 8 : $4\dfrac{4}{9}$ = □ : 5

⑫ □ : 6.4 = 5 : 8

8 비례배분

✏️ 비례배분

전체를 주어진 비로 배분하는 것을 비례배분이라고 해요.

전체 ●를 가 : 나 = ▲ : ■로 비례배분하면 다음과 같아요.

$$가 = ● \times \frac{▲}{(▲ + ■)}$$

$$나 = ● \times \frac{■}{(▲ + ■)}$$

이렇게 비례배분을 할 때에는 주어진 비의 전항과 후항의 합을 분모로 하는
분수의 비로 고쳐서 계산하면 편리해요.

비례배분하기

16을 5 : 3으로 비례배분

$$16 \times \frac{5}{(5+3)} = \overset{2}{\cancel{16}} \times \frac{5}{\underset{1}{\cancel{8}}} = 10$$

$$16 \times \frac{3}{(5+3)} = \overset{2}{\cancel{16}} \times \frac{3}{\underset{1}{\cancel{8}}} = 6$$

➡ <u> 10 </u> , <u> 6 </u>

학습 포인트

하나. 비례배분을 공부합니다.

둘. 비례배분한 결과의 합은 전체와 같음을 확인해 봅니다.

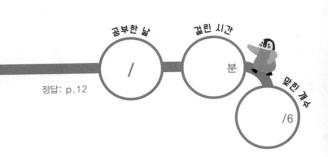

🐧 수를 주어진 비로 비례배분하세요.

① 10을 1 : 4로 비례배분

$10 \times \dfrac{1}{(1+4)} = \boxed{}$

$10 \times \dfrac{4}{(1+4)} = \boxed{}$

➡ _____ , _____

② 15를 3 : 2로 비례배분

$15 \times \dfrac{3}{(3+2)} = \boxed{}$

$15 \times \dfrac{2}{(3+2)} = \boxed{}$

➡ _____ , _____

③ 20을 3 : 1로 비례배분

$20 \times \dfrac{3}{(3+1)} = \boxed{}$

$20 \times \dfrac{1}{(3+1)} = \boxed{}$

➡ _____ , _____

④ 21을 2 : 1로 비례배분

$21 \times \dfrac{2}{(2+1)} = \boxed{}$

$21 \times \dfrac{1}{(2+1)} = \boxed{}$

➡ _____ , _____

⑤ 27을 4 : 5로 비례배분

$27 \times \dfrac{4}{(4+5)} = \boxed{}$

$27 \times \dfrac{5}{(4+5)} = \boxed{}$

➡ _____ , _____

⑥ 36을 2 : 7로 비례배분

$36 \times \dfrac{2}{(2+7)} = \boxed{}$

$36 \times \dfrac{7}{(2+7)} = \boxed{}$

➡ _____ , _____

2 비례배분

공부한 날 /
걸린 시간 분
맞힌 개수 /6

정답: p.12

수를 주어진 비로 비례배분하세요.

① 36을 5 : 1로 비례배분

➡ ________, ________

④ 12를 3 : 1로 비례배분

➡ ________, ________

② 25를 1 : 4로 비례배분

➡ ________, ________

⑤ 16을 5 : 3으로 비례배분

➡ ________, ________

③ 28을 4 : 3으로 비례배분

➡ ________, ________

⑥ 30을 3 : 2로 비례배분

➡ ________, ________

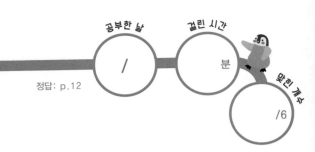

수를 주어진 비로 비례배분하세요.

① **14를 3 : 4로 비례배분**

$$14 \times \frac{3}{(3+4)} = \boxed{}$$

$$14 \times \frac{4}{(3+4)} = \boxed{}$$

➡ _____ , _____

④ **27을 1 : 2로 비례배분**

$$27 \times \frac{1}{(1+2)} = \boxed{}$$

$$27 \times \frac{2}{(1+2)} = \boxed{}$$

➡ _____ , _____

② **18을 1 : 5로 비례배분**

$$18 \times \frac{1}{(1+5)} = \boxed{}$$

$$18 \times \frac{5}{(1+5)} = \boxed{}$$

➡ _____ , _____

⑤ **35를 3 : 2로 비례배분**

$$35 \times \frac{3}{(3+2)} = \boxed{}$$

$$35 \times \frac{2}{(3+2)} = \boxed{}$$

➡ _____ , _____

③ **22를 5 : 6으로 비례배분**

$$22 \times \frac{5}{(5+6)} = \boxed{}$$

$$22 \times \frac{6}{(5+6)} = \boxed{}$$

➡ _____ , _____

⑥ **40을 7 : 3으로 비례배분**

$$40 \times \frac{7}{(7+3)} = \boxed{}$$

$$40 \times \frac{3}{(7+3)} = \boxed{}$$

➡ _____ , _____

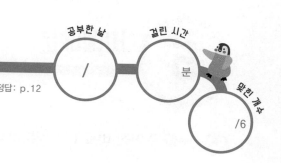
수를 주어진 비로 비례배분하세요.

① 24를 5 : 1로 비례배분

④ 42를 4 : 3으로 비례배분

➡ _____ , _____

➡ _____ , _____

② 15를 2 : 3으로 비례배분

⑤ 48을 1 : 2로 비례배분

➡ _____ , _____

➡ _____ , _____

③ 40을 3 : 2로 비례배분

⑥ 32를 5 : 3으로 비례배분

➡ _____ , _____

➡ _____ , _____

수를 주어진 비로 비례배분하세요.

① 30을 1 : 2로 비례배분

➡ _____ , _____

② 35를 3 : 4로 비례배분

➡ _____ , _____

③ 48을 3 : 5로 비례배분

➡ _____ , _____

④ 32를 7 : 9로 비례배분

➡ _____ , _____

⑤ 42를 9 : 5로 비례배분

➡ _____ , _____

⑥ 56을 4 : 3으로 비례배분

➡ _____ , _____

수를 주어진 비로 비례배분하세요.

① 52를 6 : 7로 비례배분

➡ _____ , _____

② 24를 3 : 1로 비례배분

➡ _____ , _____

③ 60을 7 : 5로 비례배분

➡ _____ , _____

④ 18을 4 : 5로 비례배분

➡ _____ , _____

⑤ 55를 2 : 3으로 비례배분

➡ _____ , _____

⑥ 49를 5 : 2로 비례배분

➡ _____ , _____

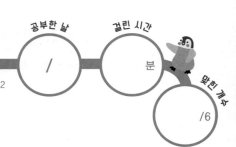

 수를 주어진 비로 비례배분하세요.

① 45를 4 : 1로 비례배분

④ 54를 7 : 2로 비례배분

➡ _____ , _____

➡ _____ , _____

② 63을 4 : 3으로 비례배분

⑤ 70을 3 : 11로 비례배분

➡ _____ , _____

➡ _____ , _____

③ 72를 5 : 7로 비례배분

⑥ 81을 8 : 1로 비례배분

➡ _____ , _____

➡ _____ , _____

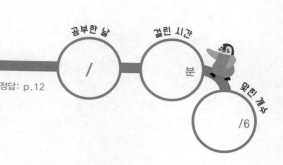

🐧 수를 주어진 비로 비례배분하세요.

① 42를 1 : 5로 비례배분

➡ _____ , _____

④ 64를 5 : 3으로 비례배분

➡ _____ , _____

② 105를 3 : 4로 비례배분

➡ _____ , _____

⑤ 75를 12 : 13으로 비례배분

➡ _____ , _____

③ 121을 3 : 8로 비례배분

➡ _____ , _____

⑥ 98을 5 : 2로 비례배분

➡ _____ , _____

실력 체크

최종 점검

실력 체크

5-A 가장 간단한 자연수의 비로 나타내기 ①

공부한 날	월	일
걸린 시간	분	초
맞힌 개수		/12

정답: p.13

가장 간단한 자연수의 비로 나타내세요.

① $8 : 2 =$

② $16 : 64 =$

③ $9 : 6 =$

④ $72 : 64 =$

⑤ $42 : 49 =$

⑥ $18 : 81 =$

⑦ $\dfrac{3}{8} : 5 =$

⑧ $\dfrac{8}{11} : 4 =$

⑨ $1\dfrac{4}{5} : 6 =$

⑩ $4\dfrac{2}{7} : 8 =$

⑪ $2\dfrac{1}{4} : 7 =$

⑫ $5\dfrac{1}{2} : 3 =$

실력 체크

5-B 가장 간단한 자연수의 비로 나타내기 ①

공부한 날	월	일
걸린 시간	분	초
맞힌 개수		/10

정답: p.13

가장 간단한 자연수의 비로 나타내세요.

① $9 : 30 =$

② $44 : 16 =$

③ $25 : 75 =$

④ $84 : 63 =$

⑤ $18 : 14 =$

⑥ $3.24 : 6 =$

⑦ $0.3 : 7 =$

⑧ $0.52 : 10 =$

⑨ $0.8 : 5 =$

⑩ $1.4 : 1 =$

정답: p.13

 가장 간단한 자연수의 비로 나타내세요.

① $\dfrac{1}{3} : \dfrac{4}{5} =$

② $\dfrac{2}{9} : \dfrac{5}{6} =$

③ $2\dfrac{6}{7} : \dfrac{10}{11} =$

④ $4\dfrac{3}{8} : 3\dfrac{1}{2} =$

⑤ $2\dfrac{3}{8} : 1\dfrac{2}{5} =$

⑥ $1\dfrac{4}{5} : 4\dfrac{1}{2} =$

⑦ $0.3 : 0.8 =$

⑧ $4.5 : 3.6 =$

⑨ $0.8 : 1.28 =$

⑩ $0.98 : 1.75 =$

⑪ $0.48 : 1.24 =$

⑫ $3.6 : 2.8 =$

실력 체크

6-B 가장 간단한 자연수의 비로 나타내기 ②

공부한 날	월	일
걸린 시간	분	초
맞힌 개수		/10

정답: p.13

 가장 간단한 자연수의 비로 나타내세요.

① $\dfrac{5}{9} : \dfrac{2}{3} =$

⑥ $2.8 : 2.1 =$

② $\dfrac{6}{7} : \dfrac{3}{10} =$

⑦ $5.2 : 9.6 =$

③ $\dfrac{5}{8} : 3\dfrac{2}{5} =$

⑧ $0.09 : 0.1 =$

④ $4\dfrac{2}{7} : 3\dfrac{1}{3} =$

⑨ $2.16 : 0.84 =$

⑤ $1\dfrac{2}{3} : 1\dfrac{4}{5} =$

⑩ $0.52 : 0.78 =$

실력 체크

7-A 비례식

공부한 날	월	일
걸린 시간	분	초
맞힌 개수		/12

정답: p.13

□ 안에 알맞은 수를 써넣으세요.

① $7 : \boxed{} = 14 : 8$

② $12 : 18 = \boxed{} : 27$

③ $3 : \boxed{} = 63 : 84$

④ $25 : 23 = 75 : \boxed{}$

⑤ $\boxed{} : 5 = 20 : 25$

⑥ $3 : 7 = 27 : \boxed{}$

⑦ $\boxed{} : 35 = 6 : 5$

⑧ $34 : \boxed{} = 2 : 3$

⑨ $12 : 30 = \boxed{} : 5$

⑩ $32 : 90 = 16 : \boxed{}$

⑪ $11 : 8 = \boxed{} : 24$

⑫ $\boxed{} : 18 = 25 : 10$

정답: p.13

□ 안에 알맞은 수를 써넣으세요.

① $\dfrac{9}{10}$: ☐ = 9 : 20

⑥ 7 : 0.4 = ☐ : 2

② 4 : $\dfrac{2}{3}$ = 15 : ☐

⑦ ☐ : 3 = 8 : 1.5

③ ☐ : 13 = 2 : 2$\dfrac{3}{5}$

⑧ 3 : 3.25 = 12 : ☐

④ 4 : ☐ = 3$\dfrac{4}{7}$: 25

⑨ 2.8 : ☐ = 16 : 5

⑤ 1$\dfrac{7}{9}$: 3 = ☐ : 27

⑩ 5.5 : 4 = 11 : ☐

8-A 비례배분

공부한 날	월	일
걸린 시간	분	초
맞힌 개수		/6

정답: p.13

🐧 수를 주어진 비로 비례배분하세요.

① 72를 4 : 5로 비례배분

➡ _____ , _____

④ 20을 1 : 9로 비례배분

➡ _____ , _____

② 45를 8 : 7로 비례배분

➡ _____ , _____

⑤ 63을 3 : 4로 비례배분

➡ _____ , _____

③ 39를 5 : 8로 비례배분

➡ _____ , _____

⑥ 91을 5 : 2로 비례배분

➡ _____ , _____

정답: p.13

 수를 주어진 비로 비례배분하세요.

① 65를 11 : 2로 비례배분

➡ _____ , _____

④ 112를 4 : 3으로 비례배분

➡ _____ , _____

② 84를 5 : 7로 비례배분

➡ _____ , _____

⑤ 56을 3 : 5로 비례배분

➡ _____ , _____

③ 96을 13 : 3로 비례배분

➡ _____ , _____

⑥ 136을 9 : 8로 비례배분

➡ _____ , _____

Memo

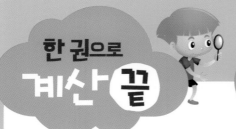

학습 구성

계산력 + 두뇌회전 UP!

한 권으로

계산 끝

정답

12

초등수학
6학년 과정

넥서스에듀

계산력 + 두뇌회전 UP!

한 권으로 계산 끝

정답

12

초등수학
6 학년 과정

넥서스에듀

1 분모가 다른 (진분수)÷(진분수)

1 (p.15)

① 2　⑤ $\frac{6}{7}$　⑨ $1\frac{3}{4}$　⑬ $\frac{1}{8}$

② $\frac{5}{6}$　⑥ $1\frac{23}{49}$　⑩ $\frac{2}{3}$　⑭ $\frac{3}{10}$

③ $\frac{9}{10}$　⑦ $\frac{13}{16}$　⑪ $1\frac{9}{13}$　⑮ $\frac{10}{21}$

④ $\frac{2}{9}$　⑧ $1\frac{3}{4}$　⑫ $\frac{3}{4}$　⑯ $\frac{3}{8}$

2 (p.16)

① $1\frac{4}{5}$　⑤ $1\frac{1}{9}$　⑨ $2\frac{2}{9}$　⑬ $\frac{4}{15}$

② $\frac{21}{22}$　⑥ $3\frac{3}{4}$　⑩ $1\frac{1}{14}$　⑭ 2

③ $\frac{3}{10}$　⑦ $\frac{6}{7}$　⑪ $1\frac{1}{24}$　⑮ $\frac{9}{11}$

④ $\frac{7}{8}$　⑧ $1\frac{1}{2}$　⑫ $5\frac{5}{9}$　⑯ $7\frac{1}{2}$

3 (p.17)

① $1\frac{1}{4}$　⑤ $\frac{1}{2}$　⑨ $\frac{1}{10}$　⑬ $2\frac{10}{21}$

② $\frac{9}{10}$　⑥ $\frac{2}{3}$　⑩ $\frac{4}{5}$　⑭ $\frac{5}{8}$

③ $1\frac{1}{4}$　⑦ $\frac{4}{21}$　⑪ $1\frac{1}{10}$　⑮ $1\frac{5}{6}$

④ $\frac{9}{14}$　⑧ $3\frac{1}{3}$　⑫ $\frac{8}{55}$　⑯ $\frac{1}{4}$

4 (p.18)

① $\frac{14}{15}$　⑤ 6　⑨ $21\frac{5}{7}$　⑬ $\frac{5}{6}$

② $\frac{5}{12}$　⑥ $\frac{5}{9}$　⑩ $2\frac{1}{4}$　⑭ $\frac{3}{14}$

③ $2\frac{4}{7}$　⑦ $\frac{16}{49}$　⑪ $1\frac{3}{7}$　⑮ $\frac{5}{12}$

④ $\frac{1}{4}$　⑧ $\frac{14}{15}$　⑫ $3\frac{3}{4}$　⑯ 3

5 (p.19)

① $1\frac{1}{8}$　⑤ $1\frac{1}{10}$　⑨ $1\frac{3}{7}$　⑬ $\frac{27}{28}$

② $\frac{2}{3}$　⑥ $1\frac{1}{3}$　⑩ $1\frac{1}{4}$　⑭ $\frac{2}{9}$

③ $\frac{3}{16}$　⑦ $1\frac{23}{25}$　⑪ $1\frac{1}{8}$　⑮ $1\frac{1}{4}$

④ $\frac{14}{25}$　⑧ $\frac{3}{7}$　⑫ $\frac{39}{64}$　⑯ $1\frac{1}{12}$

6 (p.20)

① $1\frac{1}{8}$　⑤ $\frac{13}{14}$　⑨ $\frac{33}{64}$　⑬ $3\frac{1}{3}$

② $2\frac{5}{8}$　⑥ $\frac{5}{8}$　⑩ $\frac{16}{45}$　⑭ $\frac{3}{4}$

③ $3\frac{1}{5}$　⑦ $\frac{4}{5}$　⑪ $\frac{32}{35}$　⑮ $\frac{16}{27}$

④ $3\frac{3}{10}$　⑧ $1\frac{4}{5}$　⑫ $2\frac{1}{4}$　⑯ $3\frac{3}{8}$

7 (p.21)

① $1\frac{1}{20}$　⑤ $\frac{15}{19}$　⑨ $1\frac{1}{9}$　⑬ $2\frac{1}{2}$

② $3\frac{15}{16}$　⑥ $1\frac{5}{39}$　⑩ $1\frac{1}{5}$　⑭ $1\frac{1}{3}$

③ $1\frac{1}{14}$　⑦ $1\frac{1}{9}$　⑪ $1\frac{1}{48}$　⑮ $\frac{9}{16}$

④ $\frac{4}{5}$　⑧ $\frac{3}{4}$　⑫ $1\frac{1}{9}$　⑯ $1\frac{1}{2}$

8 (p.22)

① $1\frac{11}{24}$　⑤ $\frac{169}{170}$　⑨ $1\frac{5}{19}$　⑬ $4\frac{5}{7}$

② $2\frac{1}{4}$　⑥ $\frac{8}{15}$　⑩ $\frac{14}{15}$　⑭ $\frac{9}{11}$

③ $2\frac{4}{5}$　⑦ $\frac{80}{91}$　⑪ $\frac{3}{14}$　⑮ $1\frac{7}{20}$

④ $1\frac{1}{55}$　⑧ $\frac{3}{7}$　⑫ $\frac{1}{18}$　⑯ $2\frac{5}{8}$

2 분모가 다른
(대분수)÷(대분수), (대분수)÷(진분수)

1 — p.24

① $1\frac{1}{9}$ ⑤ $3\frac{7}{25}$ ⑨ $1\frac{9}{91}$ ⑬ $1\frac{1}{6}$

② $2\frac{6}{25}$ ⑥ $2\frac{4}{17}$ ⑩ $1\frac{1}{33}$ ⑭ $1\frac{9}{50}$

③ $1\frac{2}{11}$ ⑦ $\frac{57}{58}$ ⑪ $1\frac{16}{17}$ ⑮ $2\frac{4}{15}$

④ $\frac{22}{23}$ ⑧ $\frac{17}{20}$ ⑫ $1\frac{31}{36}$ ⑯ $1\frac{1}{10}$

2 — p.25

① $1\frac{7}{10}$ ⑤ $2\frac{7}{9}$ ⑨ $9\frac{2}{7}$ ⑬ $3\frac{7}{9}$

② $6\frac{1}{2}$ ⑥ $2\frac{5}{8}$ ⑩ $8\frac{1}{7}$ ⑭ $3\frac{5}{6}$

③ $6\frac{4}{5}$ ⑦ $3\frac{19}{21}$ ⑪ $1\frac{2}{3}$ ⑮ $23\frac{1}{2}$

④ $4\frac{1}{6}$ ⑧ $2\frac{1}{2}$ ⑫ $1\frac{9}{28}$ ⑯ $49\frac{1}{2}$

3 — p.26

① 1 ⑤ $\frac{6}{7}$ ⑨ $1\frac{3}{22}$ ⑬ $\frac{9}{14}$

② $\frac{51}{58}$ ⑥ $1\frac{1}{17}$ ⑩ $2\frac{7}{39}$ ⑭ $\frac{35}{62}$

③ $\frac{23}{51}$ ⑦ $\frac{11}{14}$ ⑪ $\frac{63}{68}$ ⑮ $2\frac{21}{26}$

④ $1\frac{2}{19}$ ⑧ $3\frac{1}{3}$ ⑫ $\frac{2}{5}$ ⑯ $1\frac{9}{68}$

4 — p.27

① $2\frac{1}{40}$ ⑤ 16 ⑨ 9 ⑬ $7\frac{7}{8}$

② $2\frac{1}{2}$ ⑥ $6\frac{1}{6}$ ⑩ 16 ⑭ $5\frac{3}{5}$

③ 4 ⑦ $1\frac{2}{3}$ ⑪ $3\frac{5}{9}$ ⑮ $7\frac{3}{8}$

④ 10 ⑧ $1\frac{1}{3}$ ⑫ $15\frac{1}{3}$ ⑯ 21

5 — p.28

① $1\frac{4}{21}$ ⑤ $2\frac{1}{6}$ ⑨ $1\frac{10}{17}$ ⑬ $\frac{102}{125}$

② $1\frac{49}{72}$ ⑥ $1\frac{1}{93}$ ⑩ $1\frac{8}{55}$ ⑭ $1\frac{16}{33}$

③ $\frac{21}{22}$ ⑦ $\frac{15}{17}$ ⑪ $1\frac{1}{234}$ ⑮ $\frac{7}{8}$

④ $1\frac{83}{155}$ ⑧ $1\frac{17}{168}$ ⑫ $1\frac{11}{65}$ ⑯ $2\frac{37}{84}$

6 — p.29

① $1\frac{9}{26}$ ⑤ $1\frac{5}{21}$ ⑨ $2\frac{1}{6}$ ⑬ $15\frac{1}{3}$

② $6\frac{9}{17}$ ⑥ $5\frac{5}{54}$ ⑩ $3\frac{3}{11}$ ⑭ $23\frac{1}{10}$

③ $13\frac{1}{15}$ ⑦ $6\frac{4}{11}$ ⑪ $4\frac{11}{36}$ ⑮ $6\frac{1}{12}$

④ $6\frac{4}{15}$ ⑧ $33\frac{3}{13}$ ⑫ $10\frac{1}{3}$ ⑯ $18\frac{3}{8}$

7 — p.30

① $1\frac{1}{7}$ ⑤ $1\frac{13}{92}$ ⑨ $2\frac{2}{45}$ ⑬ $1\frac{6}{75}$

② $1\frac{37}{68}$ ⑥ $\frac{20}{21}$ ⑩ $2\frac{29}{32}$ ⑭ $\frac{318}{325}$

③ $1\frac{53}{92}$ ⑦ $1\frac{19}{99}$ ⑪ $1\frac{11}{46}$ ⑮ $\frac{129}{164}$

④ 1 ⑧ $2\frac{23}{104}$ ⑫ $1\frac{79}{200}$ ⑯ $1\frac{67}{81}$

8 — p.31

① $2\frac{1}{6}$ ⑤ $2\frac{5}{17}$ ⑨ $3\frac{1}{19}$ ⑬ $13\frac{4}{9}$

② 26 ⑥ $25\frac{3}{5}$ ⑩ $10\frac{4}{5}$ ⑭ $10\frac{2}{3}$

③ $55\frac{1}{2}$ ⑦ $3\frac{21}{26}$ ⑪ $7\frac{1}{7}$ ⑮ $15\frac{3}{7}$

④ $3\frac{1}{5}$ ⑧ $6\frac{1}{4}$ ⑫ $3\frac{1}{18}$ ⑯ $35\frac{5}{8}$

3 자릿수가 같은 (소수)÷(소수)

1
p.33

① 32.5　　④ 15　　⑦ 3.2

② 24　　⑤ 16.2　　⑧ 2.5

③ 23　　⑥ 18　　⑨ 2

2
p.34

① 22　　⑤ 13.5　　⑨ 14　　⑬ 3.5

② 9　　⑥ 31.5　　⑩ 12　　⑭ 2.5

③ 8　　⑦ 28.5　　⑪ 6　　⑮ 3.5

④ 12　　⑧ 14.16　　⑫ 4　　⑯ 7.16

3
p.35

① 52　　④ 23　　⑦ 1.8

② 36.2　　⑤ 21.5　　⑧ 2

③ 38　　⑥ 21　　⑨ 0.5

4
p.36

① 19　　⑤ 21.5　　⑨ 19　　⑬ 1.5

② 24　　⑥ 11.5　　⑩ 9　　⑭ 4.5

③ 8　　⑦ 25.5　　⑪ 3　　⑮ 4.2

④ 16　　⑧ 12.25　　⑫ 4　　⑯ 3.25

5
p.37

① 17.4　　④ 38　　⑦ 3.4

② 34.5　　⑤ 23.5　　⑧ 2.5

③ 52　　⑥ 18　　⑨ 2

6
p.38

① 16　　⑤ 11.5　　⑨ 3　　⑬ 1.5

② 13　　⑥ 21.8　　⑩ 2　　⑭ 0.75

③ 8　　⑦ 17.25　　⑪ 0.8　　⑮ 1.32

④ 4　　⑧ 18.75　　⑫ 1.8　　⑯ 1.75

7
p.39

① 47　　④ 46.5　　⑦ 3

② 31.4　　⑤ 20.5　　⑧ 2.6

③ 23　　⑥ 19　　⑨ 1.5

8
p.40

① 17　　⑤ 10.5　　⑨ 3　　⑬ 1.4

② 9　　⑥ 12.5　　⑩ 5　　⑭ 0.75

③ 12　　⑦ 10.75　　⑪ 0.8　　⑮ 1.25

④ 4　　⑧ 13.25　　⑫ 1.5　　⑯ 0.75

자릿수가 다른 (소수)÷(소수)

1   p.42

① 13.2	④ 8.7	⑦ 9.6
② 25.7	⑤ 14.3	⑧ 14.8
③ 16.2	⑥ 11.2	⑨ 11.4

2   p.43

① 0.85	⑤ 7.18	⑨ 7.5	⑬ 3.75
② 8.8	⑥ 9.55	⑩ 7.2	⑭ 8.75
③ 6.8	⑦ 21.15	⑪ 7.5	⑮ 16.96
④ 28.3	⑧ 13.05	⑫ 13.6	⑯ 21.25

3   p.44

① 9.8	④ 11.8	⑦ 11.4
② 24.8	⑤ 15.3	⑧ 4.9
③ 31.7	⑥ 7.8	⑨ 12.2

4   p.45

① 9.6	⑤ 0.95	⑨ 2.5	⑬ 8.75
② 22.4	⑥ 8.15	⑩ 7.6	⑭ 6.25
③ 11.3	⑦ 27.68	⑪ 12.5	⑮ 12.64
④ 13.8	⑧ 23.25	⑫ 27.5	⑯ 13.75

5   p.46

① 11.2	④ 11.9	⑦ 11.7
② 9.2	⑤ 8.9	⑧ 11.2
③ 5.6	⑥ 9.6	⑨ 10.2

6   p.47

① 0.9	⑤ 8.05	⑨ 12.5	⑬ 3.75
② 8.6	⑥ 9.35	⑩ 4.8	⑭ 8.75
③ 12.6	⑦ 10.15	⑪ 22.5	⑮ 20.32
④ 5.8	⑧ 12.76	⑫ 17.5	⑯ 11.25

7   p.48

① 8.8	④ 13.9	⑦ 11.5
② 12.6	⑤ 8.6	⑧ 11.4
③ 7.8	⑥ 10.3	⑨ 8.7

8   p.49

① 7.5	⑤ 0.84	⑨ 7.5	⑬ 8.75
② 6.4	⑥ 7.15	⑩ 6.4	⑭ 11.68
③ 16.7	⑦ 17.6	⑪ 41.2	⑮ 11.25
④ 14.3	⑧ 3.85	⑫ 19.2	⑯ 23.75

Special Lesson				p.51
① 4	⑤ 25	⑨ 800	⑬ 900	⑰ 31250
② 5	⑥ 230	⑩ 2000	⑭ 150	⑱ 240
③ 80	⑦ 430	⑪ 0.4	⑮ 15	⑲ 610
④ 24	⑧ 210	⑫ 1.6	⑯ 84	⑳ 2690

Special Lesson			p.52
① 53	④ 320	⑦ 130	
② 70	⑤ 120	⑧ 32	
③ 625	⑥ 520	⑨ 290	

Special Lesson				p.53
① 300	⑤ 6000	⑨ 310	⑬ 70	⑰ 30
② 40	⑥ 540	⑩ 2390	⑭ 460	⑱ 260
③ 200	⑦ 1200	⑪ 4	⑮ 1400	⑲ 3610
④ 150	⑧ 15000	⑫ 15	⑯ 300	⑳ 7320

1-A p.56

① 3
⑤ $\frac{2}{3}$
⑨ $\frac{6}{7}$
⑬ $1\frac{1}{9}$

② $\frac{4}{9}$
⑥ $1\frac{1}{3}$
⑩ $\frac{8}{15}$
⑭ $1\frac{1}{3}$

③ $\frac{5}{8}$
⑦ $\frac{11}{12}$
⑪ $\frac{3}{4}$
⑮ $1\frac{1}{2}$

④ $1\frac{1}{8}$
⑧ $\frac{4}{7}$
⑫ $4\frac{1}{2}$
⑯ $2\frac{2}{3}$

1-B p.57

① $4\frac{2}{3}$
④ $2\frac{1}{4}$
⑦ $2\frac{2}{13}$
⑩ $1\frac{2}{7}$

② $\frac{2}{7}$
⑤ $\frac{7}{15}$
⑧ $\frac{14}{17}$
⑪ $5\frac{1}{16}$

③ $2\frac{1}{7}$
⑥ $\frac{20}{33}$
⑨ $\frac{1}{2}$
⑫ $3\frac{3}{7}$

2-A p.58

① $\frac{72}{77}$
⑤ $\frac{31}{34}$
⑨ $5\frac{1}{3}$
⑬ $9\frac{1}{2}$

② $1\frac{13}{38}$
⑥ $1\frac{1}{8}$
⑩ $3\frac{7}{84}$
⑭ $5\frac{53}{77}$

③ $\frac{37}{48}$
⑦ $1\frac{24}{171}$
⑪ $3\frac{9}{10}$
⑮ $11\frac{5}{9}$

④ $2\frac{1}{46}$
⑧ $1\frac{47}{82}$
⑫ $11\frac{9}{10}$
⑯ $8\frac{1}{5}$

2-B p.59

① $2\frac{8}{27}$
④ $1\frac{23}{25}$
⑦ $46\frac{1}{2}$
⑩ $11\frac{1}{5}$

② $\frac{32}{69}$
⑤ $1\frac{23}{39}$
⑧ $6\frac{8}{13}$
⑪ $13\frac{1}{3}$

③ $1\frac{3}{8}$
⑥ $2\frac{4}{35}$
⑨ $12\frac{8}{9}$
⑫ 38

3-A p.60

① 18
④ 33.5
⑦ 2

② 39.5
⑤ 25
⑧ 3.5

③ 27
⑥ 19.8
⑨ 1.5

3-B p.61

① 32
④ 12.4
⑦ 13
⑩ 0.6

② 8
⑤ 13.5
⑧ 6
⑪ 1.5

③ 24
⑥ 20.75
⑨ 3
⑫ 2.25

4-A p.62

① 37.8
④ 6.3
⑦ 16.2

② 9.4
⑤ 14.4
⑧ 16.7

③ 24.3
⑥ 27.9
⑨ 12.3

4-B p.63

① 0.65
④ 9.15
⑦ 7.5
⑩ 16.25

② 8.06
⑤ 9.8
⑧ 9.6
⑪ 8.75

③ 20.7
⑥ 20.15
⑨ 16.4
⑫ 12.08

가장 간단한 자연수의 비로 나타내기 ①

1 p.65

① 2 : 3 ⑤ 5 : 7 ⑨ 5 : 2

② 3 : 8 ⑥ 5 : 2 ⑩ 4 : 3

③ 3 : 4 ⑦ 3 : 1 ⑪ 6 : 5

④ 4 : 3 ⑧ 4 : 3 ⑫ 5 : 7

2 p.66

① 1 : 3 ⑤ 3 : 28 ⑨ 7 : 12

② 2 : 7 ⑥ 9 : 52 ⑩ 4 : 27

③ 4 : 9 ⑦ 5 : 32 ⑪ 1 : 36

④ 3 : 20 ⑧ 2 : 45 ⑫ 5 : 12

3 p.67

① 1 : 4 ⑤ 11 : 12 ⑨ 31 : 12

② 11 : 24 ⑥ 3 : 10 ⑩ 49 : 32

③ 19 : 56 ⑦ 5 : 8 ⑪ 5 : 6

④ 7 : 18 ⑧ 2 : 3 ⑫ 35 : 48

4 p.68

① 1 : 5 ⑤ 12 : 225 ⑨ 1 : 5

② 1 : 6 ⑥ 5 : 16 ⑩ 1 : 4

③ 2 : 15 ⑦ 3 : 20 ⑪ 21 : 250

④ 17 : 50 ⑧ 2 : 25 ⑫ 33 : 25

5 p.69

① 3 : 14 ⑤ 5 : 4 ⑨ 5 : 6

② 2 : 1 ⑥ 7 : 6 ⑩ 3 : 4

③ 4 : 9 ⑦ 3 : 4 ⑪ 7 : 2

④ 2 : 5 ⑧ 5 : 8 ⑫ 7 : 4

6 p.70

① 2 : 27 ⑤ 2 : 49 ⑨ 1 : 14

② 3 : 28 ⑥ 2 : 39 ⑩ 9 : 20

③ 3 : 40 ⑦ 1 : 12 ⑪ 1 : 18

④ 2 : 15 ⑧ 7 : 20 ⑫ 7 : 30

7 p.71

① 5 : 6 ⑤ 3 : 7 ⑨ 11 : 56

② 38 : 27 ⑥ 3 : 5 ⑩ 17 : 18

③ 17 : 6 ⑦ 13 : 20 ⑪ 3 : 14

④ 5 : 3 ⑧ 23 : 120 ⑫ 2 : 3

8 p.72

① 7 : 50 ⑤ 8 : 125 ⑨ 4 : 5

② 2 : 5 ⑥ 12 : 25 ⑩ 7 : 50

③ 7 : 16 ⑦ 3 : 20 ⑪ 33 : 125

④ 9 : 100 ⑧ 27 : 20 ⑫ 3 : 8

6 가장 간단한 자연수의 비로 나타내기 ②

1 p.74

① 2 : 1 　⑤ 5 : 6 　⑨ 7 : 10

② 5 : 6 　⑥ 3 : 10 　⑩ 55 : 63

③ 4 : 9 　⑦ 15 : 8 　⑪ 9 : 10

④ 3 : 2 　⑧ 16 : 15 　⑫ 12 : 5

2 p.75

① 2 : 7 　⑤ 27 : 55 　⑨ 51 : 52

② 3 : 4 　⑥ 1 : 4 　⑩ 8 : 9

③ 8 : 3 　⑦ 25 : 14 　⑪ 24 : 161

④ 95 : 48 　⑧ 4 : 3 　⑫ 98 : 57

3 p.76

① 3 : 4 　⑤ 7 : 16 　⑨ 14 : 33

② 5 : 3 　⑥ 4 : 7 　⑩ 7 : 3

③ 2 : 5 　⑦ 5 : 3 　⑪ 14 : 17

④ 21 : 8 　⑧ 4 : 11 　⑫ 3 : 4

4 p.77

① 24 : 43 　⑤ 2 : 5 　⑨ 10 : 3

② 41 : 50 　⑥ 5 : 1 　⑩ 20 : 1

③ 3 : 10 　⑦ 1 : 20 　⑪ 60 : 1

④ 30 : 1 　⑧ 5 : 1 　⑫ 7 : 10

5 p.78

① 24 : 35 　⑤ 10 : 21 　⑨ 39 : 10

② 15 : 16 　⑥ 5 : 6 　⑩ 7 : 30

③ 21 : 20 　⑦ 15 : 2 　⑪ 16 : 25

④ 20 : 13 　⑧ 56 : 27 　⑫ 18 : 55

6 p.79

① 3 : 11 　⑤ 91 : 160 　⑨ 11 : 54

② 40 : 21 　⑥ 39 : 77 　⑩ 42 : 5

③ 7 : 36 　⑦ 25 : 21 　⑪ 76 : 17

④ 125 : 76 　⑧ 55 : 36 　⑫ 285 : 56

7 p.80

① 5 : 9 　⑤ 19 : 34 　⑨ 22 : 25

② 5 : 3 　⑥ 9 : 4 　⑩ 57 : 76

③ 17 : 26 　⑦ 8 : 3 　⑪ 3 : 2

④ 6 : 5 　⑧ 17 : 27 　⑫ 9 : 2

8 p.81

① 5 : 1 　⑤ 11 : 10 　⑨ 250 : 1

② 1 : 5 　⑥ 9 : 2 　⑩ 9 : 10

③ 1 : 2 　⑦ 130 : 1 　⑪ 7 : 5

④ 80 : 1 　⑧ 5 : 2 　⑫ 60 : 7

Special Lesson   p.83

① 2 : 5	⑥ 5 : 4	⑪ 16 : 5	⑯ 3 : 2
② 5 : 24	⑦ 5 : 8	⑫ 3 : 1	⑰ 3 : 4
③ 5 : 6	⑧ 8 : 7	⑬ 9 : 1	⑱ 2 : 5
④ 4 : 9	⑨ 5 : 6	⑭ 2 : 1	⑲ 27 : 22
⑤ 4 : 15	⑩ 1 : 2	⑮ 40 : 7	⑳ 21 : 25

1
p.85

① 10 ⑤ 3 ⑨ 12

② 4 ⑥ 48 ⑩ 60

③ 1 ⑦ 9 ⑪ 36

④ 20 ⑧ 12 ⑫ 20

2
p.86

① 4 ⑤ 9 ⑨ 7

② 2 ⑥ 8 ⑩ 8

③ 1 ⑦ 1.5 ⑪ 2

④ $3\frac{3}{7}$ ⑧ 20 ⑫ 5

3
p.87

① 3 ⑤ 28 ⑨ 5

② 28 ⑥ 6 ⑩ 14

③ 32 ⑦ 36 ⑪ 40

④ 15 ⑧ 15 ⑫ 15

4
p.88

① 96 ⑤ $4\frac{1}{2}$ ⑨ 2

② 3 ⑥ 12 ⑩ 20

③ 3 ⑦ 1 ⑪ 2.5

④ 8 ⑧ 15 ⑫ 10

5
p.89

① 12 ⑤ 9 ⑨ 21

② 8 ⑥ 49 ⑩ 56

③ 21 ⑦ 16 ⑪ 25

④ 36 ⑧ 84 ⑫ 5

6
p.90

① $1\frac{3}{5}$ ⑤ 25 ⑨ 2

② 48 ⑥ 7 ⑩ 3

③ 11 ⑦ 8 ⑪ 9.1

④ 21 ⑧ 15 ⑫ 14

7
p.91

① 23 ⑤ 8 ⑨ 4

② 7 ⑥ 60 ⑩ 45

③ 5 ⑦ 20 ⑪ 49

④ 36 ⑧ 27 ⑫ 28

8
p.92

① 3 ⑤ 29 ⑨ 3

② 27 ⑥ 9 ⑩ 25

③ $4\frac{1}{2}$ ⑦ 3 ⑪ 2.5

④ 16 ⑧ 15 ⑫ 4

 비례배분

1   p.94

① 2, 8   ④ 14, 7

② 9, 6   ⑤ 12, 15

③ 15, 5   ⑥ 8, 28

2   p.95

① 30, 6   ④ 9, 3

② 5, 20   ⑤ 10, 6

③ 16, 12   ⑥ 18, 12

3   p.96

① 6, 8   ④ 9, 18

② 3, 15   ⑤ 21, 14

③ 10, 12   ⑥ 28, 12

4   p.97

① 20, 4   ④ 24, 18

② 6, 9   ⑤ 16, 32

③ 24, 16   ⑥ 20, 12

5   p.98

① 10, 20   ④ 14, 18

② 15, 20   ⑤ 27, 15

③ 18, 30   ⑥ 32, 24

6   p.99

① 24, 28   ④ 8, 10

② 18, 6   ⑤ 22, 33

③ 35, 25   ⑥ 35, 14

7   p.100

① 36, 9   ④ 42, 12

② 36, 27   ⑤ 15, 55

③ 30, 42   ⑥ 72, 9

8   p.101

① 7, 35   ④ 40, 24

② 45, 60   ⑤ 36, 39

③ 33, 88   ⑥ 70, 28

5-A
p.104

① 4 : 1　　　⑤ 6 : 7　　　⑨ 3 : 10

② 1 : 4　　　⑥ 2 : 9　　　⑩ 15 : 28

③ 3 : 2　　　⑦ 3 : 40　　　⑪ 9 : 28

④ 9 : 8　　　⑧ 2 : 11　　　⑫ 11 : 6

5-B
p.105

① 3 : 10　　　⑤ 9 : 7　　　⑧ 13 : 250

② 11 : 4　　　⑥ 27 : 50　　　⑨ 4 : 25

③ 1 : 3　　　⑦ 3 : 70　　　⑩ 7 : 5

④ 4 : 3

6-A
p.106

① 5 : 12　　　⑤ 95 : 56　　　⑨ 5 : 8

② 4 : 15　　　⑥ 2 : 5　　　⑩ 14 : 25

③ 22 : 7　　　⑦ 3 : 8　　　⑪ 12 : 31

④ 5 : 4　　　⑧ 5 : 4　　　⑫ 9 : 7

6-B
p.107

① 5 : 6　　　⑤ 25 : 27　　　⑧ 9 : 10

② 20 : 7　　　⑥ 4 : 3　　　⑨ 18 : 7

③ 25 : 136　　　⑦ 13 : 24　　　⑩ 2 : 3

④ 9 : 7

7-A
p.108

① 4　　　⑤ 4　　　⑨ 2

② 18　　　⑥ 63　　　⑩ 45

③ 4　　　⑦ 42　　　⑪ 33

④ 69　　　⑧ 51　　　⑫ 45

7-B
p.109

① 2　　　⑤ 16　　　⑧ 13

② $2\frac{1}{2}$　　　⑥ 35　　　⑨ 0.875

③ 10　　　⑦ 16　　　⑩ 8

④ 28

8-A
p.110

① 32, 40　　　④ 2, 18

② 24, 21　　　⑤ 27, 36

③ 15, 24　　　⑥ 65, 26

8-B
p.111

① 55, 10　　　④ 64, 48

② 35, 49　　　⑤ 21, 35

③ 78, 18　　　⑥ 72, 64

Memo

Memo

Memo

동영상 강의 +
문제풀이 과정

기초수학 초등 4학년

7권	자연수의 곱셈과 나눗셈 고급	8권	분수와 소수의 덧셈과 뺄셈 초급
1	(몇백)×(몇십)	1	분모가 같은 (진분수)±(진분수)
2	(몇백)×(몇십몇)	2	합이 가분수가 되는 (진분수)+(진분수) / (자연수)−(진분수)
3	(세 자리 수)×(두 자리 수)	3	분모가 같은 (대분수)+(대분수)
4	나누어떨어지는 (두 자리 수)÷(두 자리 수)	4	분모가 같은 (대분수)−(대분수)
5	나누어떨어지지 않는 (두 자리 수)÷(두 자리 수)	5	자릿수가 같은 (소수)+(소수)
6	몫이 한 자리 수인 (세 자리 수)÷(두 자리 수)	6	자릿수가 다른 (소수)+(소수)
7	몫이 두 자리 수인 (세 자리 수)÷(두 자리 수)	7	자릿수가 같은 (소수)−(소수)
8	세 자리 수 나눗셈 종합	8	자릿수가 다른 (소수)−(소수)

기초수학 초등 5학년

9권	자연수의 혼합 계산 / 약수와 배수 / 분수의 덧셈과 뺄셈 중급	10권	분수와 소수의 곱셈
1	자연수의 혼합 계산 ①	1	(분수)×(자연수), (자연수)×(분수)
2	자연수의 혼합 계산 ②	2	진분수와 가분수의 곱셈
3	공약수와 최대공약수	3	대분수가 있는 분수의 곱셈
4	공배수와 최소공배수	4	세 분수의 곱셈
5	약분	5	두 분수와 자연수의 곱셈
6	통분	6	분수를 소수로, 소수를 분수로 나타내기
7	분모가 다른 (진분수)±(진분수)	7	(소수)×(자연수), (자연수)×(소수)
8	분모가 다른 (대분수)±(대분수)	8	(소수)×(소수)

기초수학 초등 6학년

11권	분수와 소수의 나눗셈 (1) / 비와 비율	12권	분수와 소수의 나눗셈 (2) / 비례식
1	(자연수)÷(자연수), (진분수)÷(자연수)	1	분모가 다른 (진분수)÷(진분수)
2	(가분수)÷(자연수), (대분수)÷(자연수)	2	분모가 다른 (대분수)÷(대분수), (대분수)÷(진분수)
3	(자연수)÷(분수)	3	자릿수가 같은 (소수)÷(소수)
4	분모가 같은 (진분수)÷(진분수)	4	자릿수가 다른 (소수)÷(소수)
5	분모가 같은 (대분수)÷(대분수)	5	가장 간단한 자연수의 비로 나타내기 ①
6	나누어떨어지는 (소수)÷(자연수)	6	가장 간단한 자연수의 비로 나타내기 ②
7	나누어떨어지지 않는 (소수)÷(자연수)	7	비례식
8	비와 비율	8	비례배분

MATH

초등필수 영단어 시리즈

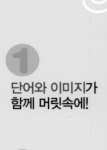
1 단어와 이미지가
함께 머릿속에!

2 패턴 연습으로
문장까지 쏙쏙 암기

3 다양한 게임으로
공부와 재미를 한 번에

4 단어 고르기와
빈칸 채우기로 복습!

5 책 속의 워크북
쓰기 연습과
문제풀이로 마무리

초등필수 영단어 시리즈 [1~2학년] [3~4학년] [5~6학년] 초등교재개발연구소 지음 | 192쪽 | 각 11,000원

초등필수 영단어로 쉽게 배우는 초등필수 영문법+쓰기

창의력 향상
워크북이
들어 있어요!

교육부 초등 권장 어휘 + 학년별 필수 표현 활용

★ "창의융합"과정을 반영한 영문법+쓰기

★ 초등필수 영단어를 활용한 어휘탄탄

★ 핵심 문법의 기본을 탄탄하게 잡아주는 기초탄탄+기본탄탄

★ 기초 영문법을 통해 문장을 배워가는 실력탄탄+영작탄탄

★ 창의적 활동으로 응용력을 키워주는 응용탄탄
(퍼즐, 미로 찾기, 도형 맞추기, 그림 보고 어휘 추측하기 등)

초등필수 영문법 + 쓰기 시리즈 [1권] 넥서스영어교육연구소 지음 | 236쪽 | 12,000원 [2권] 넥서스영어교육연구소 지음 | 212쪽 | 12,000원